오일러가 들려주는 **삼각형의 오심** 이야기

수학자가 들려주는 **수학** 이야기 38

오일러가 들려주는 삼각형의 오심 이야기

초판 1쇄 발행일 | 2008년 8월 31일
초판 24쇄 발행일 | 2023년 7월 1일

지은이 | 배수경
펴낸이 | 정은영

펴낸곳 | (주)자음과모음
출판등록 | 2001년 11월 28일 제2001-000259호
주소 | 10881 경기도 파주시 회동길 325-20
전화 | 편집부 (02)324-2347, 경영지원부 (02)325-6047
팩스 | 편집부 (02)324-2348, 경영지원부 (02)2648-1311
e-mail | jamoteen@jamobook.com

ISBN 978-89-544-1584-2 (04410)

• 잘못된 책은 교환해드립니다.

38 수학자가 들려주는 수학 이야기

오일러가 들려주는
삼각형의 오심 이야기

| 배 수 경 지음 |

(주)자음과모음

수학자라는 거인의 어깨 위에서

보다 멀리, 보다 넓게 바라보는 수학의 세계!

수학 교과서는 대개 '결과' 로서의 수학을 연역적으로 제시하는 경향이 강하기 때문에 학생들은 수학이 끊임없이 진화해 왔다는 생각을 하기 어렵습니다. 그렇지만 수학의 역사는 하나의 문제가 등장하고 그에 대해 많은 수학자들이 고심하고 이를 해결하는 가운데 새로운 아이디어가 출현해 온 역동적인 과정입니다.

〈수학자가 들려주는 수학 이야기〉는 수학 주제들의 발생 과정을 수학자들의 목소리를 통해 친근하게 이야기 형식으로 들려주기 때문에 학생들이 수학을 '과거 완료형' 이 아닌 '현재 진행형' 으로 인식하는 데 도움이 될 것입니다.

학생들이 수학을 어려워하는 요인 중의 하나는 '추상성' 이 강한 수학적 사고의 특성과 '구체성' 을 선호하는 학생의 사고의 특성 사이의 괴리입니다. 이런 괴리를 줄이기 위해서 수학의 추상성을 희석시키고 수학 개념과 원리의 설명에 구체성을 부여하는 것이 필요한데, 〈수학자가들려주는 수학 이야기〉는 수학 교과서의 내용을 생동감 있게 재구성함으로써 추상적인 수학을 구체성을 갖는 수학으로 변모시키고 있습니다. 또한 중간중간에 곁들여진 수학자들의 에피소드는 자칫 무료해지기 쉬운 수학 공부에 있어 윤활유 역할을 할 수 있을 것입니다.

〈수학자가 들려주는 수학 이야기〉의 구성을 보면 우선 수학자의 업적을 개략적으로 소개하고, 6~9개의 강의를 통해 수학 내적 세계와 외적 세계, 교실 안과 밖을 넘나들며 수학 개념과 원리들을 소개한 후 마지막으로 강의에서 다룬 내용들을 정리합니다. 이런 책의 흐름을 따라 읽다 보면 각 시리즈가 다루고 있는 주제에 대한 전체적이고 통합적인 이해가 가능하도록 구성되어 있습니다.

〈수학자가 들려주는 수학 이야기〉는 학교 수학 교과 과정과 긴밀하게 맞물려 있으며, 전체 시리즈를 통해 학교 수학의 많은 내용들을 다룹니다. 예를 들어 《라이프니츠가 들려주는 기수법 이야기》는 수가 만들어진 배경, 원시적인 기수법에서 위치적 기수법으로의 발전 과정, 0의 출현, 라이프니츠의 이진법에 이르기까지를 다루고 있는데, 이는 중학교 1학년의 기수법의 내용을 충실히 반영합니다. 따라서 〈수학자가 들려주는 수학 이야기〉를 학교 수학 공부와 병행하면서 읽는다면 교과서 내용의 소화 흡수를 도울 수 있는 효소 역할을 할 수 있을 것입니다.

뉴턴이 'On the shoulders of giants' 라는 표현을 썼던 것처럼, 수학자라는 거인의 어깨 위에서는 보다 멀리, 넓게 바라볼 수 있습니다. 학생들이 〈수학자가 들려주는 수학 이야기〉를 읽으면서 각 수학자들의 어깨 위에서 보다 수월하게 수학의 세계를 내다보는 기회를 갖기를 바랍니다.

홍익대학교 수학교육과 교수 | 《수학 콘서트》 저자 박 경 미

가장 단순한 도형의 오묘한 비밀을 밝히는
오일러의 '삼각형의 오심' 이야기

세 개의 선만으로 뚝딱 만들어지는 가장 단순한 도형, 그것이 바로 삼각형입니다. 어린 아이가 하얀 도화지 위에 굵은 크레파스로 처음 그려 내는 곡선의 도형이 원이라면, 직선으로 만들어 내는 최초의 작품은 바로 이 삼각형 아닐까요?

지금부터 이렇게 단순해 보이는 삼각형 속에 숨어 있는, 결코 단순하지 않은 다섯 개의 점에 대한 이야기를 하려고 합니다. 그 주인공은 바로 삼각형의 외심, 내심, 무게중심, 수심, 방심입니다.

이 다섯 형제는 서로 다른 배경 아래에서 태어나고, 품고 있는 성격과 응용의 힘이 제각기 다르지만 모두가 삼각형이라는 도형을 배경으로 하고 있기에 결국 삼각형과 관련된 기본적인 성질과 연결이 됩니다.

물론 삼각형에는 무궁무진한 이야기가 있기에 오심이라는 것은 그리 중요하게 생각되지 않을 수도 있습니다. 학교 교육 과정에서도 오심 모두를 다루고 있지는 않으니까요.

하지만 변 세 개, 각 세 개만을 가진 이 단순한 도형 속에서 별것 아닌 것처럼 시작한 이야기가 미처 상상하지 못했던 결과를 가지고 오는 것을 보면서 수학이 선사하는 오묘한 기쁨을 맛보게 될지도 모릅니다. 도형에 대한 달콤한 맛보기 경험은 단순해 보였던 삼각형을 넘어서 다각형, 입체도형에까지 이어질 수 있습니다.

우리가 도형에 관한 수학을 배우는 이유가 비단 그 도형에 대한 성질을 외워서 기억하고, 넓이를 계산해 내는 것만은 분명 아닐 것입니다. 그보다는 도형 속에 풍덩 들어가서 만져 보고 느끼며 노는 동안 우리 몸 속 깊이 스며드는 도형에 대한 감각을 기르는 것이 더 가치 있는 목표가 될 것입니다.

이 책을 읽는 동안 오심이 빚어내는 결과를 머릿속에 새기는 일에는 관심을 두지 않기를 바랍니다. 그보다는 다섯 개의 비밀을 밝혀나가는 징검다리를 하나하나 건너면서 그 돌이 어떻게 생겼는지 만져 보고 왜 그렇게 생겨날 수밖에 없는지를 느껴 보기 바랍니다.

오심이 가지는 성질을 달달 외우지 못해도 좋습니다. 그보다는 훨씬 더 중요한, 도형에 대한 감각을 충만히 가져가길 빌어 봅니다. 그 감각이 결국 여러분을 도형에 대한 달인으로 만들어 줄 것이니까요.

2008년 8월

배 수 경

차례

1 이 책은 달라요

《**오일러**가 들려주는 **삼각형의 오심** 이야기》는 교과 과정에서 단편적으로 다루어지는 삼각형의 오심 중 외심과 내심, 무게중심의 내용을 포함해서 수심과 방심의 내용까지 체계적으로 다루고 있습니다. 그저 자신과 상관없이 주어지는 수학이 아니라 왜 그렇게 되는지를 함께 찾아가는 방식으로 꾸며 놓았기 때문에 삼각형의 오심에 대한 공부가 헷갈리고 힘들었던 친구들에게 거부감 없이 자연스럽게 받아들여질 수 있습니다.

특히 수학자 오일러와 함께 삼각 랜드를 다니면서 삼각형의 오심의 탄생과 성질을 차근차근 밝혀 나가기 때문에 어려운 증명까지도 아하~ 하는 신나는 기분과 함께 읽어 나갈 수 있습니다.

교과 과정의 내용은 중학교 2학년 단원이지만 초등학생부터 일반인에 이르기까지 호기심과 상식으로 받아들일 수 있는 내용을 풍부하게 담고 있고, 더 나아가 오심에 대해 깊이 탐구하고자 하는 영재들에게 동기 부여가 될 수 있도록 구성하였습니다.

삼각형 단원의 시험을 위해 결론만을 달달 외워 문제를 푸는 것이 아

니라, 왜 그렇게 되는지 스스로 설명하기를 원하는 생각하는 어린 수학자들에게 힘이 될 수 있는 책입니다.

2 이런 점이 좋아요

이 책은 복잡한 기호 없이도 삼각형의 여러 가지 내용과 증명을 읽어 낼 수 있고, 왜 그런지 이유를 생각해 볼 수 있는 충분한 줄거리를 제공합니다. 삼각형의 오심에 대한 내용이 잘 짜여진 옷감처럼 배열되어 여러 번 읽다 보면 무조건 외우지 않고도 오심을 작도하는 방법에서부터 복잡한 성질까지 잘 이해할 수 있을 뿐 아니라 누군가를 친절하게 가르쳐 줄 수 있는 선생님이 될 수 있습니다.
또한 다른 도형에 대해서도 같은 방식으로 탐구할 수 있는 힘을 기를 수 있게 합니다.

교과 과정과의 연계

구분	학년	단원	연계되는 수학적 개념과 내용
중학교	8-나	삼각형의 성질	외심, 내심
		도형의 닮음	무게중심

수업 소개

첫 번째 수업_사육사의 집을 어디에 지으면 좋을까?

삼각형의 외심이 무엇인지 알아보고, 그 점을 찾는 방법에 대해 알아봅니다.

- 선수 학습 : 삼각형의 합동조건, 이등변삼각형, 삼각형의 종류
- 공부 방법 : 외심이 외접원의 중심이라는 생각에서 출발해서 외심을 찾는 방법을 스스로 알아가는 공부를 하면 좋습니다.
- 관련 교과 단원 및 내용
  - 8-나 '삼각형의 성질' 단원의 삼각형의 외심

두 번째 수업_깨진 신라인의 미소를 되살려라

삼각형의 외심이 항상 존재한다는 것을 증명해 보고, 외심의 성질과 이

성질을 응용하는 방법을 알아봅니다.

- **선수 학습** : 증명의 의미, 이등변삼각형의 성질, 외각의 의미
- **공부 방법** : 읽으면서 다양한 활동을 직접 해 보거나 머릿속으로 사고 실험을 하면서 따라간다면 외심의 성질을 외우지 않고 이해하면서 자신의 지식으로 만들어 갈 수 있습니다. 여러 번 읽어 나중에는 책을 덮고 스스로 그림을 그리면서 다른 사람에게 설명할 수 있으면 더욱 좋습니다.
- **관련 교과 단원 및 내용**

– 8–나 '삼각형의 성질' 단원의 삼각형의 외심

세 번째 수업_로봇 초밥집 사장님의 고민

삼각형의 내심이 무엇인지 알아보고, 그 점을 찾는 방법에 대해 공부합니다.

- **선수 학습** : 수선의 발, 최단거리, 직각삼각형의 합동조건
- **공부 방법** : 어떠한 상황에서 어떠한 내용이 탄생하는지 생각해 보면서 오일러를 따라다니는 학생이 되어 직접 활동과 사고 실험을 하면서 공부합니다.
- **관련 교과 단원 및 내용**

– 8–나 '삼각형의 성질' 단원의 삼각형의 내심

네 번째 수업_모래가 만든 마술

삼각형의 내심이 가지는 여러 가지 성질을 알아봅니다.

- **선수 학습** : 평행선과 동위각, 엇각
- **공부 방법** : 외심보다 좀 더 많은 성질을 찾아볼 수 있는 내심은 학교 시험에서도 응용되는 문제가 많이 나옵니다. 하지만 그 결과를 외우다 보면 전체적인 내용이 헷갈리고 어려울 뿐 아니라 조금 심화된 문제가 나오면 손을 못 대게 됩니다. 이 수업을 여러 번 읽고 그 흐름을 자신의 것으로 만든다면 깊이 있는 내용이 바로 여러분의 것이 될 수 있습니다.
- **관련 교과 단원 및 내용**
  - 8-나 '삼각형의 성질' 단원의 삼각형의 내심

다섯 번째 수업_흔들흔들 중심 잡는 피에로

무게중심의 의미를 알아보고, 삼각형의 무게중심을 찾는 가장 편리한 방법을 알아봅니다.

- **선수 학습** : 지렛대의 원리, 연직선
- **공부 방법** : 흔히 중선의 교점으로 정의되는 무게중심을 공부한 학생들은 무게중심에 대해 단편적인 지식만 알 뿐 그 진정한 의미를 알지 못합니다. 이로 인해 다른 도형에 대한 무게중심의 개념이 뒤죽박죽되기 쉽습니다. 무게중심의 진정한 의미를 느껴 보고, 무게

중심을 찾는 여러 가지 방법 중에 중선을 이용해서 찾는 이유와 그 활용법을 아는 것이 좋습니다. 또한 물리의 내용과 연관해서 좀 더 깊이 있게 공부한다면 영재 교육에서 연구할 주제로도 매우 적합합니다.

• 관련 교과 단원 및 내용

– 8-나 '평행선과 선분의 비' 단원의 삼각형의 무게중심

여섯 번째 수업_비행기와 피라미드

우리 주변에 숨겨져 있는 무게중심 이야기를 통해 무게중심이 갖는 성질에 대해 알아봅니다.

• 선수 학습 : 중점연결정리

• 공부 방법 : 무게중심에 관한 여러 가지 기사 내용이나 관련 도서를 찾아보고, 무게중심의 성질을 응용한 예를 더 찾아본다면 이에 관한 풍부한 이해를 도울 수 있을 것입니다. 또한 스스로 어디에 활용할 수 있을지 고민해 봅니다.

• 관련 교과 단원 및 내용

– 8-나 '평행선과 선분의 비' 단원의 삼각형의 중점연결정리

– 8-나 '평행선과 선분의 비' 단원의 삼각형의 무게중심

일곱 번째 수업_수심과 방심

삼각형의 수심과 방심 그리고 구점원에 대해 알아봅니다.

- 선수 학습 : 맞꼭지각
- 공부 방법 : 특별히 교과 과정에서 다루는 내용은 아니지만 지금까지 수업을 따라올 수 있는 학생이라면 충분히 이해할 수 있는 내용입니다. 움직이는 기하 프로그램을 가지고 직접 구점원에 대한 내용을 확인해 볼 수 있다면 더욱 깊이 있는 공부를 할 수 있을 것입니다.
- 관련 교과 단원 및 내용

– 8-나 '삼각형의 성질' 단원의 외심과 내심

– 8-나 '평행선과 선분의 비' 단원의 삼각형의 무게중심

여덟 번째 수업_오일러와 나폴레옹

삼각형의 종류와 오심에 대해 알아보고, 오일러 직선, 나폴레옹 삼각형이 가지는 의미를 생각해 봅니다.

- 선수 학습 : 움직이는 기하 프로그램
- 공부 방법 : 삼각형에서 오심의 위치와 오일러 직선, 나폴레옹 삼각형은 받아들이기보다 만져 보는 것이 좋습니다. 움직이는 기하 프로그램을 활용하거나 자와 컴퍼스를 이용하여 작도해 본다면 이 특별한 도형들이 주는 기쁨을 3배, 10배로 느껴볼 수 있을 것입니다.

• 관련 교과 단원 및 내용

– 8–나 '삼각형의 성질' 단원의 외심과 내심

– 8–나 '평행선과 선분의 비' 단원의 삼각형의 무게중심

오일러를 소개합니다

Leonhard Euler (1707~1783)

나는 물리학자, 천문학자이기도 하지만

역사상 가장 많은 업적을 남긴

천재 수학자로 기억됩니다.

제타 함수를 처음 만들어 썼고

이 제타 함수와 소수와의 관계식을 구했을 뿐 아니라

소수의 역수의 합이 발산한다는 결과도 알아냈답니다.

나에게는 초인적이라 할 수 있는

수학적인 직관이 있어서

내 생애 동안 많은 이론들을 쏟아냈는데

그중에는 내 이름이 붙은 것들도 많답니다.

여러분, 나는 오일러입니다

정식으로 내 이름을 소개하면 레온하르트 오일러라고 합니다. 내가 태어난 해가 1707년이니 벌써 300년의 세월이 흐른 셈이네요. 그런데 듣자하니 영광스럽게도 내가 살았던 18세기를 일컬어 '오일러의 시대'라고 부르는 수학자들이 많다고 하더군요. 나로서는 좋아하는 공부를 신나게 했을 뿐인데 나의 조국 스위스와 러시아, 프랑스 그리고 대한민국 등지에서 나를 기념하는 커다란 국제 행사를 가졌다고 하니 참으로 행복하기 그지없습니다.

하지만 지금에 와서 내가 살았던 삶을 되돌아보면 마냥 즐거운 일만 있었던 것은 아니었습니다. 여러분, 내가 살아 온 이야기를 한 번 들어 보겠어요?

나의 부모님은 신교 목사이신 폴 오일러와 목사의 딸인 마가렛 브루커 오일러입니다. 두 분의 독실한 신앙심 덕분에 내 꿈은 일찌감치 '목사님' 으로 정해져 버렸지요. 그러나 수학이라는 과목이 어찌 그리도 재미나던지요. 신기하게도 긴 숫자표 같은 것이 금세 외워졌고, 50자리 수의 암산 정도는 눈을 감고도 머릿속에서 계산이 되어 버렸답니다. 이 정도면 '신동' 이라고 불려도 되지 않을까요? 하하.

부모님께서도 나의 이런 능력을 알아보시고 좋은 학교에 보내기 위해 더 큰 도시인 바젤로 유학을 보내셨답니다. 그렇다고 신학 공부에 대한 꿈을 버리신 것은 아니었습니다. 나는 13살의 나이에 바젤 대학에 입학을 하게 되었는데 이 모든 것이 목사님이 되기 위한 과정이었지요.

이곳에서 내 인생에 있어 중요한 분을 만나게 됩니다. 바로 아버지와 대학 동창이신 요한 베르누이 선생님입니다. 내가 그 분의 수업을 들은 것은 아니었지만 당시 유명한 수학자 집안 출신이셨던 선생님은 나에게 개인적으로 읽을 만한 수학책이나 나의 흥미를 끌기에 충분한 문제들을 소개해 주셨습니다. 뿐만 아니라 목사님이 되기 위해 억지로 신학교에 들어간 나를 위해 부모님을 설득해 주시기도 했지요. 결국 부모님께서도 내가 수학자의 길을 걷는 데 동의하게 되었답니다.

이렇게 수학에 대한 재능과 사랑 때문에 내 인생은 새로운 시기를 맞게 됩니다. 나의 조국 스위스를 떠나 낯선 땅 러시아로 가게 되었던 것이지요. 이렇게 외국으로 떠나게 된 배경에는 나보다 7살이나 많은 다니엘 베르누이라는 친구가 있었습니다. 그 친구가 먼저 러시아로 건너가 그곳 상트페테르부르크 과학 기술원의 수학과 학과장이 된 후 나를 교수로 추천했기 때문이에요. 그렇게 러시아에서의 내 인생이 막을 열게 되었습니다.

내가 평생 동안 받은 상은 12개입니다. 그중 최초의 상을 바로 이 상트페테르부르크에서 받게 됩니다. 범선의 돛대를 배열하는 가장 효과적인 방법을 알아내는 경연대회였는데 바다가 없는 내륙인 스위스에서 태어난 내가 당당히 2위로 입상을 했지요.

내가 받은 상보다 하나 더 큰 수인 13과의 인연에 대해서도 말하지 않을 수 없군요. 바로 내가 일생 동안 낳아서 기른 아이들이 바로 13명이었습니다. 당시에는 유행병이 돌면 약 한 번 변변히 써 보지 못하고 아이들이 죽었는데 나의 아이들도 8명이나 어린 나이에 세상을 떠나고 말았습니다. 아이들에게 책 읽어

주는 것을 좋아하고 심지어 수학을 연구하면서도 아이들을 안아 주던 나에게는 슬픈 일이었습니다.

불행은 여기서 그치지 않고 내 자신에게도 청천벽력 같은 시련이 찾아 왔습니다. 내 사진을 슬쩍이라도 본 사람은 눈치를 챘겠지만 나는 거의 평생을 시각 장애인으로 살았습니다. 31세때인 것으로 기억하는데 오른쪽 눈에 병균이 심하게 옮아 그 후로 완전히 시력을 잃게 되었지요.

하지만 이런 육체적인 장애가 나의 학문에 대한 열정을 사그라뜨리지는 못했습니다. 그 무렵 파리 과학 협회가 주최하는 수학 경연대회에서 대상을 차지할 정도로 수학의 매력에 사로잡혀 있었으니까요. 30년이 지난 후에는 왼쪽 눈의 시력마저 잃게 되었지만 나는 꿋꿋하게 수많은 연구 논문을 발표했습니다.

보이지 않는데 어떻게 글을 썼냐고요? 물론 어려움은 많았지요. 하지만 나의 주위에는 도움을 주는 사람이 많았습니다. 나의 글을 대필해 주는 일을 기꺼이 맡아 해 주었지요. 그렇게 내가 쓴 책과 논문이 500여 편 정도랍니다.

수학이라는 깔끔한 학문을 공부하는 사람들 중에는 괴팍하고 신경질적인 사람이 많다고들 하는데 나를 기억하는 사람들은 나에 대해 다르게 이야기하더군요. 내 성격이 겸손하다나요? 아마도 그건 내가 수학을 즐기면서 공부했기 때문이 아닐까 싶습니다. 그러다 보니 나의 이름이 붙은 수학 용어들을 많이 탄생시키게 되었지요.

지금부터는 내가 어떤 일을 했는지 소개할까 합니다.

먼저 나는 바젤 문제를 해결하여 유럽의 유명 인사가 되었습니다. 내가 바젤 대학에서 만났던 요한 베르누이 선생님의 형님인 야곱 선생님이 당시 바젤 대학의 교수였을 때 수학자들에게 도전 문제로 내 건 문제이지요. 바로 다음 분수들의 합을 구해 보라는 것입니다.

$$1+\frac{1}{4}+\frac{1}{9}+\frac{1}{16}+\frac{1}{25}+\cdots$$

어때요, 여러분은 이 분수들의 규칙을 금방 찾을 수 있나요? 뭐, 그렇게 어려워 보이지 않는다고요? 그런데 놀랍게도 이 문제를 두고 수학자들은 90년 가까이 고민을 했답니다. 그 결과 1.64 정도의 값이라는 것까지 알아내게 되었지요. 하지만 나는 대강의 답이 아닌 정확한 답을 알려 주었습니다. 그 값은 바로 $\frac{\pi^2}{6}$입니다! 뭐, 이 값이 대략 1.644934 정도이니 당시 수학자들이 거의 정답에 가까이 온 게 맞긴 하지요.

나는 수학자들이 골머리를 앓아오던 문제 중에 유명한 **쾨니히스베르크의 다리 문제**도 해결했습니다. 독일의 쾨니히스베르크에는 4개의 지역을 이어주는 7개의 다리가 있는데 이 다리들을 단 한 번씩만 건너서 마을 전체를 산책할 수 있을까 하는 것이 당시의 대단한 논란거리였지요.

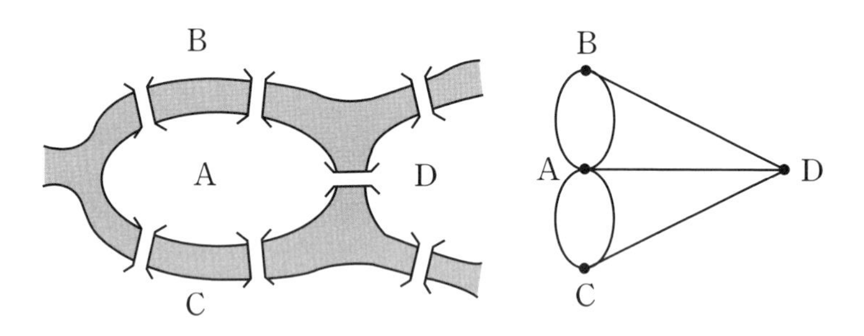

쾨니히스베르크의 다리

당시의 사람들은 분명히 방법이 있는데 찾지 못하는 것이라고 생각했지만 나는 절대 가능하지 않다는 것을 증명해 보였습니다. 여러분은 흔히 '한붓그리기' 문제라고 할 테지만 공식적으로는 출발한 곳으로 다시 돌아올 수 있는 이런 경로를 가리켜 오일러 회로라고 한답니다. 내 이름이 붙은 이유는 바로 이 문제가 해결되면서 내가 고안한 수학적 개념들이 그래프 이론이라는 새로운 수학의 분야를 개척하게 되었기 때문이죠.

내 이름이 붙은 것을 하나 더 소개하자면 오일러 공식을 빼놓을 수 없겠군요. 아, 이 아름다운 공식을 생각하면 가슴이 두근거립니다. 수학에서 중요한 수 5총사가 이 공식 안에 다 들어 있거든요. 여러분에게는 낯선 기호도 있을지 모르지만 아마 몇 년 안에 분명히 만나게 될 친구들이니 미리 인사해 두는 것도 나쁘지 않을 거예요.

$$0,\ 1,\ \pi,\ i,\ e$$

이 중 0과 1은 여러분이 이미 알고 있는 친근한 수이지요? 내가 설명을 덧붙이지 않더라도 0과 1이 수학의 나라에서 무엇보다 중요한 수라는 것에는 모두 동의할 것입니다.

그리고 원주율 π. 원에 관한 이야기에서 가장 알맹이 역할을 한다는 것 알고 있지요?

이제 i와 e를 소개할 차례네요. i는 제곱해서 -1이 되는 수를 의미하는데 이 수가 등장하면서 우리가 다루는 수의 범위가 늘어나 복소수까지 넓어지게 됩니다. e는 자연로그의 밑수로 2.718 정도의 값을 가지는데 흔히들 오일러 상수라고 부른답니다. 이 수 역시 과학과 수학에서 없어서는 안 될 매우 중요한 수이지요.

자, 이제 이들 다섯 친구가 모이면 어떤 일이 벌어지게 되는지 알려줄게요. 짜자잔~.

$$e^{i\pi}+1=0$$

어때요? 왜 이런 공식이 성립하는지에 대해서는 〈수학자가 들려주는 수학 이야기〉 시리즈의 다른 책에서 소개할 기회가 있을 겁니다. 어쨌거나 이 다섯 친구가 어우러져 이런 관계를 이룬다니 참 아름답지 않나요?

뭐, 사실 이 외에도 여러분에게 자랑할 만한 것이 많지만 오늘은 이 정도로만 할게요.

나는 시각 장애를 가지고, 자식을 여러 명 잃는 슬픔 속에서 조국도 떠나 있다가 낯선 땅 러시아에서 생을 마쳤지만 이 모든 것을 씩씩하게 딛고 일어나 신나게 수학을 공부하고 가르쳤습니다. 심지어 1783년에 76세의 나이로 죽는 날까지 손자와 놀면서 천왕성 궤도를 계산하다가 '죽는다' 라는 한 마디만을 남기고 세상을 떠났지요.

그리고 이제 300년의 세월을 훌쩍 넘어 여러분 앞에 선 내가 삼각형의 오심의 세계를 즐겁게 안내할까 합니다. 왜 내가 삼각형에 관한 이야기를 하는지는 내 이름이 붙은 직선을 배울 때쯤 알게 될 것입니다.

그럼 여러분, 우리 본격적으로 삼각형이라는 녀석이 가진 다섯 개의 점에 관한 이야기 속으로 들어가 볼까요?

58×73=4234,
986534+725436
−875648
=836322
이 정도 암산쯤은 식은 죽 먹기지.
아들아! 큰 도시인 바젤로 유학을 가서 신학 공부를 하도록 해라.
네….
요한 베르누이
오일러는 수학 천재야! 반드시 수학자가 되어야 해.
나는 요한 베르누이 선생님이 부모님을 설득해 수학자의 길을 걸을 수 있었답니다.
오일러의 수학 재능을 썩히기에는 너무 아깝습니다.
알겠습니다.
나는 러시아 상트페테르부르크 과학 기술원의 교수가 되어 수학 연구를 마음껏 했죠.
수학만 생각하면 밥을 안 먹어도 배가 부르고 잠을 자지 않아도 피곤하지 않아.
어어~, 오른쪽 눈에 병균이 심하게 옮아 앞이 보이질 않아.
30년이 지난 후에는 왼쪽 눈의 시력마저 잃고 말았습니다
불행은 그뿐만이 아니었죠.
13명의 자식 중 무려 8명을 병으로 먼저 떠나 보내다니…….
하지만 나는 결코 절망하지 않았어요.
내가 말로 할 테니 받아 적게나.
네.
나는 불편한 눈으로 500여 편의 책과 논문을 발표했습니다.
어렵다는 '바젤 문제 $1+\frac{1}{4}+\frac{1}{9}+\frac{1}{16}+\frac{1}{25}+\cdots$'와 수학자들이 골머리를 앓아오던 문제인 '쾨니히스베르크의 다리 문제'도 해결했지요.
B B A D A D C C
나는 '죽는다'라는 한 마디를 남기고 죽을 때까지 수학자로서의 길을 걸었습니다.
여러분, 장애는 아무 것도 아닙니다.
즐거운 마음으로 삼각형의 다섯 가지 마음을 알아보도록 해요.

사육사의 집을 어디에 지으면 좋을까?

삼각형의 외심이 무엇인지 알아보고,
그 점을 찾는 방법에 대해 알아봅니다.

1. 삼각형의 외심의 정의와 기호를 알아봅니다.
2. 삼각형의 외심을 찾는 방법을 알아봅니다.
3. 삼각형의 종류에 따라 달라지는 외심의 위치를 알아봅니다.

미리 알면 좋아요

1. 삼각형의 합동조건 두 삼각형이 합동임을 밝힐 때는 다음의 조건 중에서 하나를 만족한다는 것을 보이면 충분합니다. 이때, S는 Side변, A는 Angle각의 약자입니다.

- 세 변의 길이가 서로 같다. SSS 합동
- 두 변의 길이와 끼인각이 서로 같다. SAS 합동
- 두 각과 사이에 있는 변의 길이가 서로 같다. ASA 합동

2. 이등변삼각형 두 변의 길이가 같은 삼각형으로, 두 각의 크기도 같습니다. 이때, 크기가 같은 두 각을 밑각, 나머지 각을 꼭지각이라고 하고, 꼭지각의 마주보는 변을 밑변이라고 합니다.

3. 삼각형의 종류 각의 크기에 따라서 삼각형의 종류를 다음의 세 가지로 나눌 수 있습니다.

- 예각삼각형 : 세 내각의 크기가 모두 90° 보다 작은 삼각형.
- 직각삼각형 : 한 내각의 크기가 90° 인 삼각형.
- 둔각삼각형 : 한 내각의 크기가 90° 보다 크고 180° 보다 작은 삼각형.

여러분, 안녕하세요? 답답한 교실을 떠나 오랜만에 놀이동산에서 야외 수업을 할까 합니다.

어때요, 귀여운 동물들과 신나는 놀이기구가 있는 곳에 오니 기분이 너무 좋죠?

아이들은 예쁘게 꾸며진 넓은 놀이동산에서 삼각형 공부를 한다고 생각하니 마냥 즐겁기만 했습니다.

그런데 이 놀이동산은 너무 넓어서 길을 잃기 쉬울 것 같군요. 어디 놀이동산 지도가 있을 텐데…….

아이들은 입구 안내소에서 찾은 놀이동산 지도를 오일러에게 건네주고 각자 하나씩 손에 들었습니다.

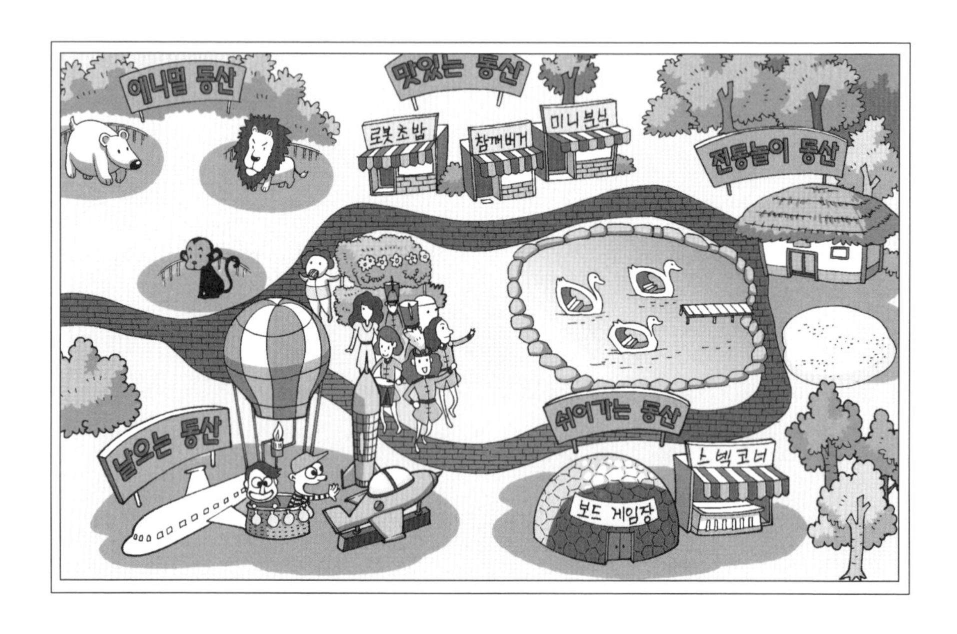

좋아요. 이곳 삼각 랜드에는 여러 동산이 있는데 우리는 동물들이 있는 '애니멀 동산'으로 먼저 가 볼까 합니다. 여기 지도를 보니 애니멀 동산에는 여러분들에게 가장 인기 있는 곰, 사자, 원숭이 사육장이 있군요. 그런데 여러분, 이 세 사육장의 동물들을 돌보는 사육사들과 수의사들이 지내는 '사육사의 집' 을 짓는다면 어떤 점을 고려해서, 어디에 짓는 것이 좋을까요?

아이들은 갑작스런 오일러의 질문에 당황했지만 조금 시간이 지나자 자신의 생각을 한 명씩 말하기 시작했습니다.

"제가 사육사라면 무서운 사자 사육장에서는 멀면서 귀여운 원숭이 사육장에서는 가까운 곳에다 짓겠어요."
"사육사에게 무서운 동물이 어디 있니? 게다가 원숭이만 너무 예뻐하면 안 되지. 그러지 말고 각 사육장마다 사육사의 집을 하나씩 다 짓는 게 좋지 않을까요?"

아이들이 저마다 자신의 생각을 말하느라 잠시 소란스러워졌습니다.

그래요. 사육사의 집을 짓는 조건이 확실하지 않았군요. 이렇게 두 가지 조건을 붙여 보죠. 첫째, 사육사와 수의사는 모든 동물을 고루 잘 돌보아야 합니다. 둘째, 사육사의 집은 한 채밖에 지을 수가 없습니다. 그것이 여러 가지 면에서 경제적이기도 하니까요.

자, 그럼 모든 동물에게 고루 신경을 쓸 수 있는 장소에 단 한 채의 집을 지으려면 어디가 가장 좋을까요?

"음……, 모든 동물을 고루 잘 돌보려면 사육사의 집에서 각 사육장까지의 거리가 모두 같은 곳에 지으면 되겠네요. 제가 이 지도에 한번 그려 볼게요."

마음에 쏙 들지는 않는다는 듯이 한 아이가 세 사육장까지의 거리가 같아 보이는 곳에 한 개의 점을 찍었습니다.

"오일러 선생님! 바로 이곳에 사육사의 집을 지으면 될 것 같은데요?"

그래요. 잘했어요. 얼핏 보니 각 사육장까지의 거리가 서로 비슷해 보이네요. 오늘 우리가 처음 배울 내용이 바로 지금 찍은 그 점에 관한 것입니다. 잠시 그 지도를 우리 모두에게 보여 줄래요?

지도에 점을 찍었던 아이가 오일러와 다른 친구들에게 자신의 지도를 보여 주었습니다.

그런데 이렇게 눈대중으로 찍은 점이 과연 정확하다고 말할 수 있을까요?

물론 그렇지 않겠지요. 지금 여러분 손에 길이를 잴 수 있는 자가 주어진다고 하더라도 세 곳에서 거리가 똑같은 곳에 한 점을 정하기란 쉽지 않을 겁니다. 하지만 이제부터 내가 들려주는 이야기를 잘 듣는다면 여러분 모두가 정확하게 사육사의 집을 지을 단 한 곳을 정할 수 있을 것입니다.

먼저 각 사육장과 여러분이 표시한 사육사의 집을 직선으로 한 번 연결해 볼까요? 그럼, 어떤 그림이 그려지나요?

아이들은 모두 자기가 가진 지도에 다음과 같이 선을 그려 보았습니다. 그리고 세 개 직선의 길이가 같다는 표시까지 멋지게 하고 뿌듯한 얼굴로 오일러를 쳐다보았습니다.

모두들 잘했군요. 자, 그런데 이렇게 표시하고 나서 보니 어떤가요? 한 점에서 거리가 같은 곳이라……. 이쯤 되면 여러분 머릿속에 떠오르는 도형이 있을 텐데요? 힌트 나갑니다. 힌트는 바로 컴. 퍼. 스.

"선생님! 컴퍼스 침을 사육사의 집 위치에 꽂고 반지름을 사육장까지의 거리로 맞춘 후 돌려 보면 원이 돼요, 원!"

맞습니다. 한 점에서 거리가 같은 곳을 모두 표시해 보면 바로 원이 되지요. 여러분 모두 자신의 지도에 세 사육장을 지나가도록 원을 한번 그려 보겠어요? 아, 물론 지금은 컴퍼스도 없을 뿐더러 정확하게 점을 찾은 것도 아니니 원의 모양이 되도록 대강 한번 그려 보세요.

그려 놓고 나니 세 사육장이 우리가 그린 원주 위의 점이라는

사실이 더 확실하게 느껴지는군요. 그럼, 사육사의 집은 어디가 될까요? 그래요, 바로 이 원의 중심이 됩니다.

자, 이번에는 세 사육장을 직선으로 연결해 봅시다. 그럼, 당연히 세 점을 지나는 삼각형이 만들어지고, 삼각형과 원은 꽉 끼게 만나게 되지요.

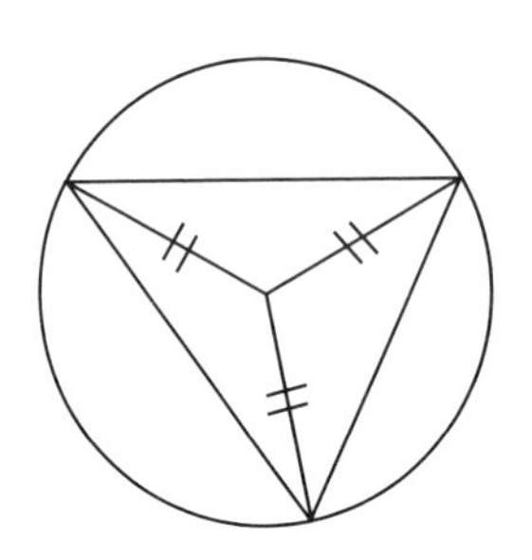

삼각형은 원 안에 붙어 있고, 원은 삼각형의 바깥에 붙어 있다.

이 두 도형 사이에 안과 밖이라는 관계가 성립되었군요. 이 관계를 이용해서 이 둘을 부를 이름을 한번 붙여 볼까 합니다.

그러기 위해서는 여러분의 한자 실력이 필요하겠는걸요?

오일러 선생님의 한자 교실
안 ⇨ 내內
밖 ⇨ 외外
붙어 있다 ⇨ 접接

이제 이 한자들을 잘 버무려서 말을 만들어 보기로 하죠.

원 안에 딱 붙어 있는 삼각형은? 내접삼각형

삼각형 밖에 딱 붙어 있는 원은? 외접원

이렇게 되는 거죠. 그러니까 우리가 그린 원은 외접원이 되는 것이고, 우리가 사육사 집의 위치로 잡은 점은 외접원의 중심이 되는 것이랍니다.

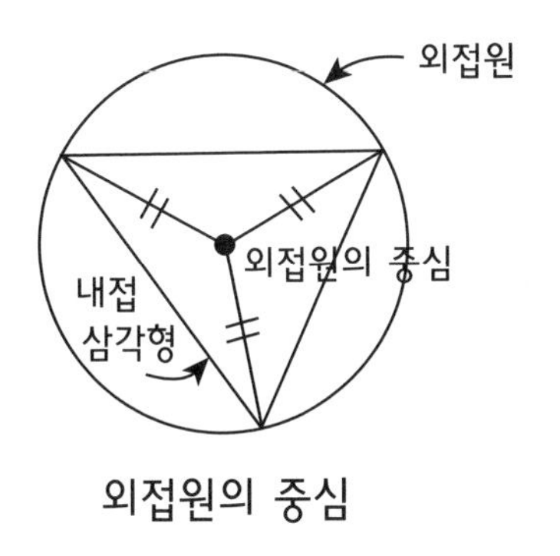

외접원의 중심

그런데 말이에요, 우리가 어떤 말을 자주 쓰게 되면 조금 더 편하게 사용하기 위해 줄임말로 나타내곤 합니다. 예를 들어 '아껴 쓰고, 나눠 쓰고, 바꿔 쓰고, 다시 쓰기 운동'을 '아나바다 운동'이라고 하는 것처럼 말이에요. 여러분은 '열심히 공부하다'를

'열공' 으로 줄여 부르기도 하지요?

그래서 우리도 앞으로 자주 부르게 될 '외접원의 중심' 을 줄임말로 부르려고 합니다. 여러분 생각에는 뭐가 좋을 것 같나요?

아이들은 장난기 어린 표정으로 저마다 한 마디씩 했습니다.

"외중이요."

"외원중?"

"외심은 어때요?"

"저는 외원심이요."

그래요. 여러 가지 줄임말이 가능하겠지만 현재 이 점은 '외심' 이라고 불리고 있답니다.

그러니까 외심은 삼각형을 포함한 어떤 도형을 바깥에서 둘러싸고 있는 외접원의 중심을 말하는 것이지요. 흔히 기호로 나타낼 때는 '외심 O' 라고 표현하는데, 이때 영어 알파벳 'O' 는 '바깥' 이라는 뜻을 담고 있는 'Out' 이라고 보면 됩니다.

"오일러 선생님, 영어로는 외심을 뭐라고 부르나요?"

흠……, 좀 어려운 단어라서 굳이 말해 주지 않으려고 했는데 호기심 왕성한 여러분이 질문을 하니 할 수 없군요. 외심은 바깥을 둘러싸고 있는 것과 관련된 것이기 때문에 영어에서 '둘레에' 라는 뜻을 가진 'circum'과 '중심'이라는 'center'가 합해져서 'circumcenter'라고 합니다. 긴 단어니까 잘 외워지지 않는다면 굳이 암기할 필요까지는 없답니다.

이제 무엇이 외심인지, 이름이 어떻게 정해지게 되었는지, 기호는 뭘 쓰는지, 영어로는 무엇이라고 하는지 알게 되었군요.

"선생님! 우리가 대충 어림잡아 찍은 이 외심을 정확하게 찾을 수 있게 해 주신다고 하셨잖아요. 그런데 삼각형의 외심을 찾는 게 그리 쉽지 않아 보이는걸요?"

하하, 그럼 지금부터는 삼각형의 외심을 어떻게 하면 정확하게 찾을 수 있는지에 대해 알아보기로 할까요?

우리가 조금 전에 그린 그림을 다시 한 번 보도록 합시다. 외심인 사육사의 집에서 각 사육장까지의 거리가 같기 때문에 우리는 삼각형이 세 개의 삼각형으로 다시 나누어지는 것을 볼 수 있습니다.

그런데 이 세 개의 삼각형은 공통적인 특징이 있습니다. 그것이 무엇인지 알 수 있겠어요?

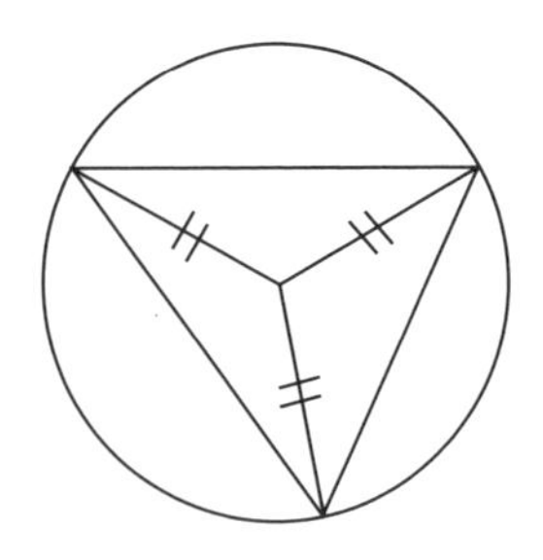

아이들은 그림을 조금 관찰해 보더니 이내 얼굴이 밝아지면서 말했습니다.

"선생님, 나누어진 세 삼각형을 보니 모두 두 변의 길이가 같은 삼각형이에요. 흠, 그러니까 이등변삼각형인 거네요."

맞았어요. 그럼 이등변삼각형이 가지고 있는 좋은 성질들도 찾을 수 있을 것 같은데요. 여러분에게 힌트를 하나 줄 테니 이것과 관련된 이등변삼각형의 성질을 한번 맞혀 보세요.

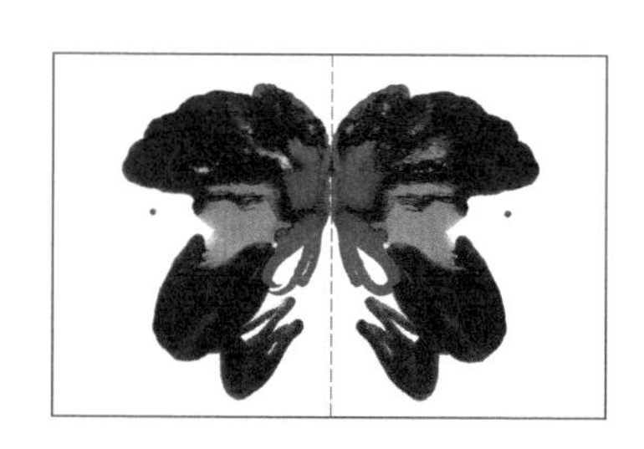

데칼코마니

이건 종이 위에 물감으로 그림을 그린 후 종이를 반으로 접어서 대칭 무늬가 생기도록 만든 데칼코마니 작품입니다. 어때요, 여러분을 위해 만든 나의 작품이 마음에 드나요? 이러한 그림의 가장 큰 특징은 양쪽이 대칭된다는 것입니다.

자, 그럼 이 힌트와 이등변삼각형을 연결해 보면 뭔가 떠오르는 것이 있지 않나요?

"이등변삼각형도 반으로 접으면 양쪽이 딱 맞게 겹쳐지는 것 말씀이세요?"

그래요. 그렇지만 반드시 길이가 같은 두 개의 변이 만나도록 접어야만 하지요. 자, 여길 보세요.

오일러는 준비한 이등변삼각형을 꺼내 반으로 접어 아이들에게 보여 주었습니다.

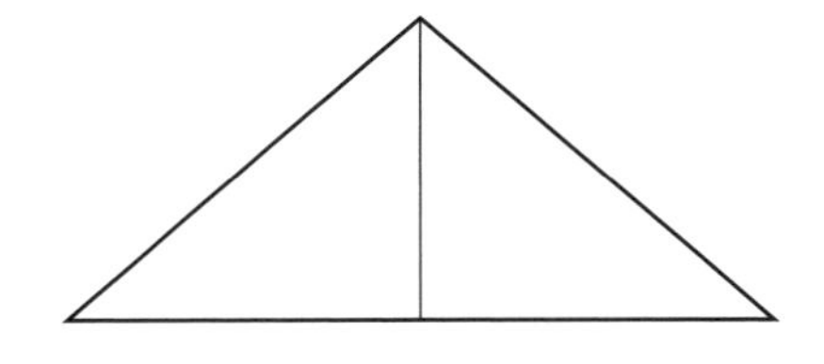

양 끝점이 만나도록 이렇게 접은 후 펴면 접은 선이 나타나지

요. 그렇게 되면 접은 선 때문에 만들어지는 양쪽의 두 각도 같아야 하기 때문에 그 각은 $90°$ 가 된다는 것을 덤으로 알 수 있습니다. 삼각형에 대한 공부를 할 때 배운 적이 있는 합동조건으로 따져 보아도 마찬가지라는 것을 알 수 있지요.

S : 이등변 삼각형이므로 ①의 변의 길이가 같다.

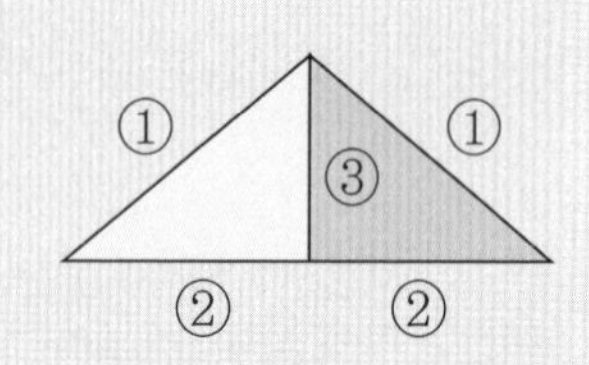

S : 양 끝점이 만나도록 접었으므로 ②의 변의 길이가 같다.

S : ③의 변은 두 삼각형이 서로 공유하고 있는 것이므로 당연히 길이가 같다.

그러므로 SSS 합동조건에 의해서 두 삼각형은 합동이다.

다시 정리해 보면, 이등변삼각형에서 꼭지각의 꼭짓점과 밑변을 이등분한 점을 이으면 그 선이 바로 밑변과 수직으로 만난다는 것이죠.

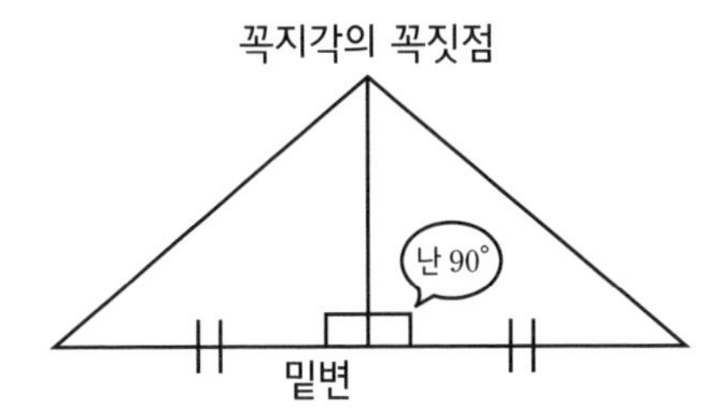

이 말을 바꾸어 생각해 보면, 이등변삼각형의 밑변을 수직이등분하는 선을 그어 보면 꼭지각의 꼭짓점을 지나간다는 것을 알 수 있어요.

그럼, 우리의 그림으로 다시 돌아가 볼까요? 나누어진 세 삼각형이 모두 이등변삼각형이니 우리가 세 삼각형에 모두 이런 선을 그어 줄 수 있을 거예요. 다 같이 한번 그려 보도록 하죠.

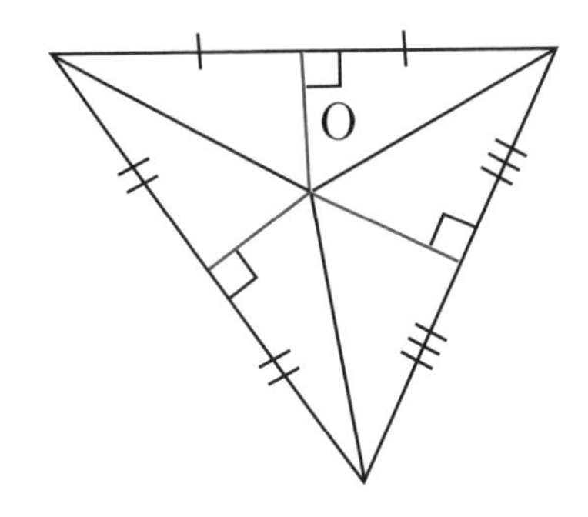

어? 그런데 그려 놓고 보니 세 이등변삼각형의 꼭지각이 모두 한 점에 모여 있다는 것을 알 수 있군요. 덕분에 우리가 그은 세

수직이등분선도 한 점에 모였고요. 바로 그 점이 우리가 오매불망 찾아 헤매던 외심이 아닌가요?

"아하~, 그러니까 우리가 삼각형의 외심을 찾으려면 세 변에 대해서 이런 수직이등분선을 그어 주고 그 세 선이 만나는 점을 찾으면 된다는 것이군요."

맞아요. 여러분이 작도를 공부하면서 익혔던 실력을 곧장 발휘하면 됩니다. 앗, 그런데 여러분의 얼굴 표정이 갑자기 어두워지는 건 무슨 일이죠? 설마 작도 시간에 배운 방법이 가물가물하기 때문? 물론 여러분이 잘 기억할 거라고 믿지만 다정다감한 성격으로 유명한 내가 그냥 슬쩍 넘어가진 않을 테니 걱정 말아요.

다들 컴퍼스와 자를 받았나요? 그럼, 작도 레시피가 나갑니다~.

외심 작도 레시피

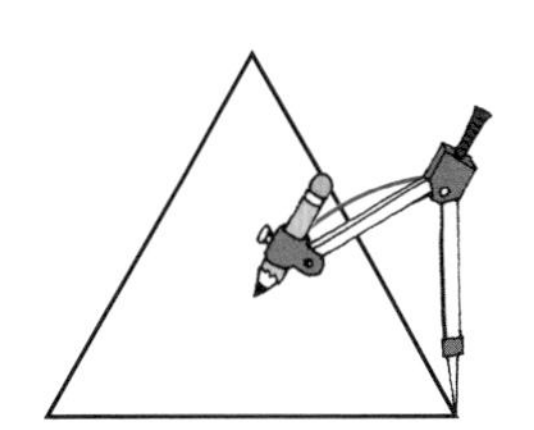

① 제일 먼저 한 변의 한쪽 끝점에 컴퍼스의 침을 꽂고 고정한다.

② 변의 길이의 절반보다는 길게 반지름을 잡고 반원을 그린다.

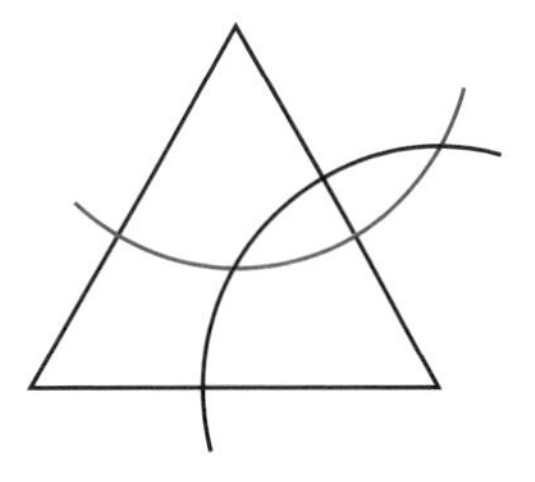

③ 이런 방법으로 다른 끝점에서도 똑같이 반원을 그려 준다. 이렇게 하면 이 두 반원이 분명 두 점에서 만나게 된다.

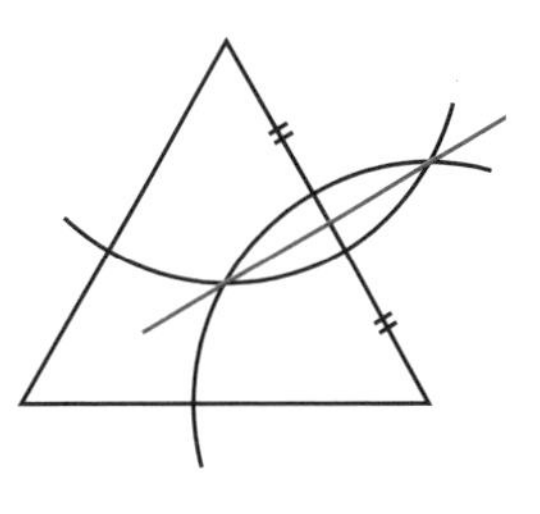

④ 이제 그 두 점을 지나는 직선을 그려 준다. 어디까지? 다른 변의 수직이등분선과 만날 것 같은 곳까지 느낌으로 그려 주면 된다.

⑤ 이제 이런 작업을 나머지 두 변에도 똑같이 해 준다.
그렇게 하면 짜자잔~,
외심을 찾을 수 있게 된다.

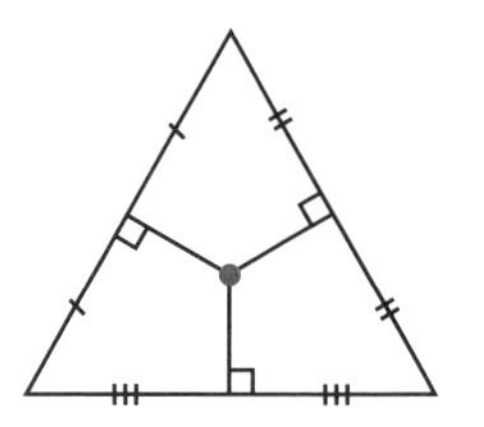

물론 우리는 세 직선이 한 점에서 만날 거란 것을 알기 때문에 두 개만 찾아보아도 벌써 외심을 알 수 있게 되지요.

어? 그런데 컴퍼스를 받지 못한 친구들이 있군요. 너무 걱정 말아요. 컴퍼스 없이 외심을 찾는 방법도 보너스로 살짝 일러줄 테니까요.

컴퍼스가 없다면 우리가 좀 전에 보았던 데칼코마니 기법을 응용해 보면 됩니다.

아니, 여기까지만 말했는데도 벌써 그 방법을 알아낸 친구가 있는 것 같군요. 그래요. 변의 양 끝점이 만나도록 종이를 접어서 자국을 내는 겁니다. 이렇게 생긴 자국이 바로 그 변의 수직이등분선이 되는 것이지요. 다른 한 변에도 양 끝점이 만나도록 접어서 자국을 내면 두 수직이등분선이 만나게 되는 곳이 바로 그 삼각형의 외심이 되는 것이지요.

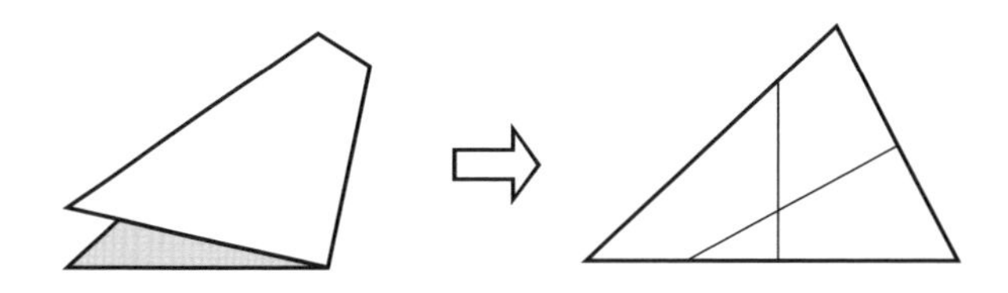

컴퍼스를 받지 못해 조금 슬펐던 몇몇 아이들이 종이 접기 방법을 통해 외심을 찾을 수 있게 되자 금세 표정이 밝아졌습니다.

그런데 아예 지도에서 삼각형을 잘라서 종이 접기로 외심을 찾던 한 친구가 걱정된다는 듯이 오일러에게 말했습니다.

"선생님, 만약에 이 삼각형이 다른 모양으로 생겼다면 외심을 찾을 수 없을지도 몰라요. 여길 보세요. 제가 이런 모양으로 삼각형을 잘랐더니 삼각형 안에 접은 자국들이 만나는 곳이 없어요."

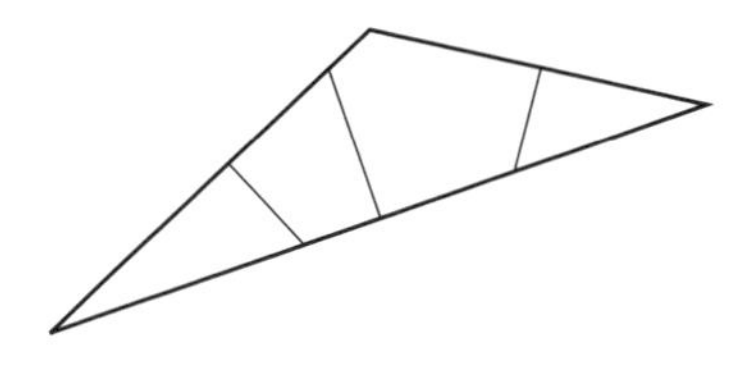

그렇군요. 그럼 이렇게 한 각이 90° 가 넘는 둔각삼각형의 경우에는 외심이 없는 걸까요? 삼각형의 종류에 따라서 외심은 있기도 하고 없기도 한 것일까요? 어떻게 된 것인지 한번 알아봅시다.

이번에는 종이를 자르지 말고 종이 위에 삼각형을 종류별로 그려서 컴퍼스와 자를 이용해서 외심을 찾아보기로 하죠.

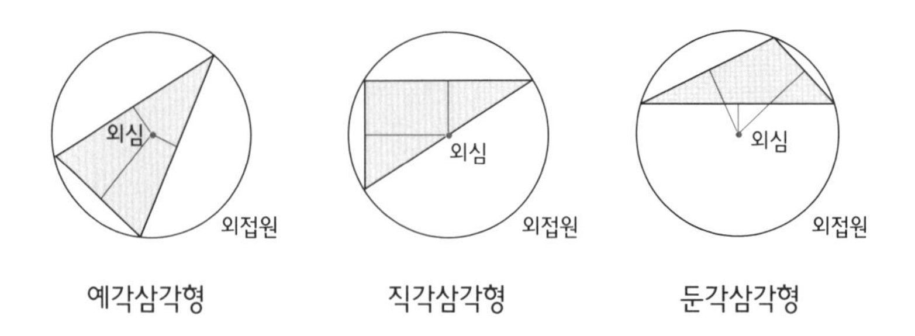

어떤 결과가 나오나요? 삼각형의 종류에 따라 외심의 위치가 달라지지요?

우리 친구가 걱정했던 둔각삼각형의 경우에는 외심이 없는 것이 아니라 삼각형의 외부에 있다는 것을 확인할 수 있었어요. 더 재미난 사실은 직각삼각형의 경우에는 직각삼각형 빗변의 중점에 외심이 있다는 것입니다.

이번에는 삼각형의 귀염둥이 중 하나인 이등변삼각형의 외심을 한 번 찾아볼까요? 이등변삼각형도 각의 크기에 따라 세 종류로 나누어집니다.

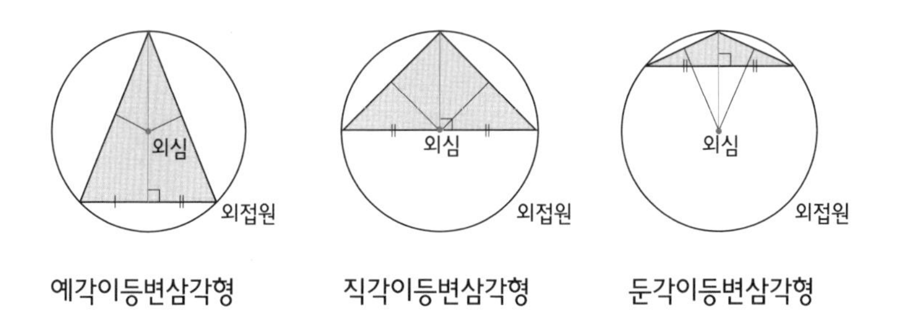

재미난 결과를 알아볼 수 있겠어요? 이등변삼각형의 경우에는 외심이 내부에 있건, 빗변의 중점에 있건, 외부에 있건 하나의 공통점이 있습니다. 바로 이등변삼각형 꼭지각의 이등분선 위에 외심이 존재한다는 것이지요.

이제는 다들 사육사의 집을 어디에 지을지 정확하게 찾을 수 있게 되었을 뿐 아니라 세 사육장의 위치에 따라 사육사 집의 대강의 위치를 짐작할 수 있게 되었지요?

그럼, 이제 애니멀 동산으로 가서 동물 구경도 하고 이곳의 사육사의 집은 어디에 있는지도 보러 갈까요? 가면서 이번 시간에 배운 외심의 정의와 찾는 방법을 다시 한 번 기억해 보는 것도 좋겠지요.

다음 시간에는 이렇게 찾은 외심이 가지는 재미난 성질들과 그 성질들을 어떤 일에 응용해 볼 수 있는지 알아보기로 합시다.

첫번째
수업 정리

❶ 삼각형의 외심은 삼각형을 바깥에서 둘러싸고 있는 외접원의 중심입니다. 기호로는 '외심 O' 라고 표현합니다.

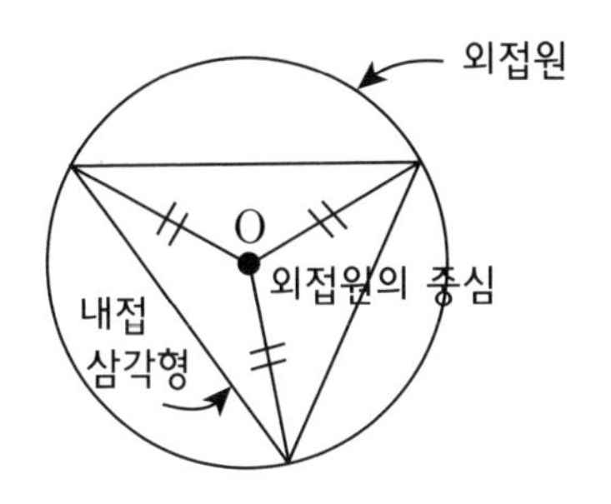

❷ 삼각형 세 변의 수직이등분선은 한 점에서 만나는데 이 점이 바로 외심입니다. 따라서 외심을 찾을 때는 두 변의 수직이등분선의 교점을 이용하여 찾는 것이 가장 편리합니다.

❸ 삼각형의 종류에 따라서 외심의 위치가 달라집니다.

삼각형의 종류	외심의 위치	그림
예각삼각형	삼각형의 내부	외심 외접원
직각삼각형	빗변의 중점	외심 외접원
둔각삼각형	삼각형의 외부	외심 외접원

❹ 이등변삼각형의 외심은 항상 꼭지각의 이등분선 위에 있습니다.

깨진 신라인의 미소를 되살려라

삼각형의 외심은 항상 존재하는 것일까요?

이 수업에서는 외심의 성질과 응용에 대해 알아봅니다.

1. 삼각형에는 외심이 항상 존재한다는 것을 증명해 봅니다.
2. 삼각형의 외심이 갖고 있는 여러 가지 성질을 알아봅니다.
3. 삼각형의 외심을 어떻게 응용할 수 있는지 알아봅니다.

미리 알면 좋아요

1. **증명** 수학에서 기본적인 몇 가지 내용공리을 옳다고 가정하고 그 아래에서 어떤 문장이나 식명제이 참이 된다는 것을 보여 주는 것을 증명이라고 합니다. 증명하고자 하는 명제에서 가정과 결론을 잘 나눈 후 가정에서 출발해 정의와 이미 옳다고 증명된 사실들을 이용해 논리적으로 잘 설명하여 결론에 도달하게 되면 증명을 완수한 것이 됩니다.

가 정 —(정의, 이미 증명된 사실)→ 결 론

2. **이등변삼각형의 성질** 이등변삼각형은 다음과 같은 성질을 가지고 있습니다.

- 두 각의 크기가 서로 같다.
- 꼭지각의 이등분선은 밑변을 수직이등분한다.

3. 외각 다각형의 각 꼭짓점에서 이웃하는 두 변 가운데 한 변의 연장선과 다른 한 변으로 이루어지는 각을 말합니다. 특히 삼각형 한 외각의 크기는 이웃하지 않는 두 내각 크기의 합과 같습니다.

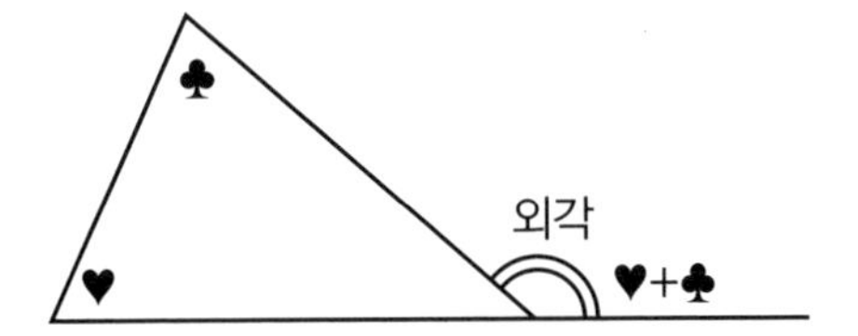

아이들과 함께 애니멀 동산을 빠져나온 오일러는 '전통놀이 동산' 으로 가는 길에 오리 보트가 떠 있는 호숫가에서 잠시 쉬어 가기로 했습니다.

이번 시간에는 외심이 가지는 성질과 이 성질의 응용에 관한 이야기를 나누기로 했죠? 사실 외심이 가지는 성질 중에는 여러분이 이미 알고 있는 것도 있답니다. 우리의 이야기가 사육사의 집을 지을 위치를 찾는 것에서 출발했기 때문에 기억하기가 쉬울 텐데요. 바로 이겁니다.

중요 포인트

외심에서 삼각형의 세 꼭짓점에 이르는 거리는 모두 같다.

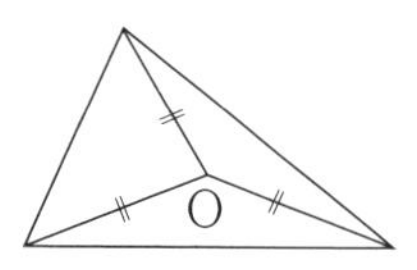

그리고 그 거리는 외접원의 반지름이 된다는 것도 잊지 않았겠죠?

지난 시간에 배운 외심을 찾는 방법도 한 번 더 되새겨 볼까요?

중요 포인트

삼각형 세 변의 수직이등분선이 만나는 점이 바로 외심이다.

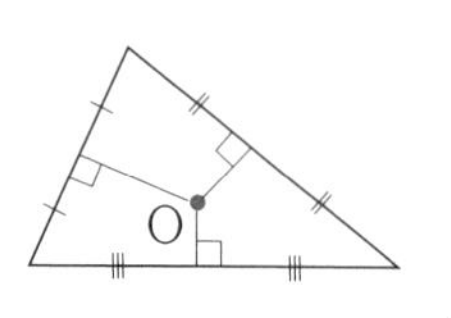

그때 한 아이가 손을 번쩍 들고서 오일러에게 질문을 했습니다.

"오일러 선생님, 지금 생각하니 조금 이상한 점이 있어요. 어떤 두 개의 직선이 한 점에서 만나는 일은 흔하니까 별로 거부감이 없거든요. 그런데 하필 그 점을 나머지 한 변의 수직이등분선이 지나간다고 생각하니 정말 항상 그럴까 하는 의심이 들어요. 저만 그런 건가요? 세 직선이 한 점에서 만나는 일은 그렇게 흔하게 생기는 것이 아니잖아요?"

다른 아이들도 듣고 보니 그렇다는 듯 다시 한 번 자신들이 그렸던 그림으로 눈길을 주었습니다. 오일러는 질문한 학생의 머리를 기특하다는 듯 쓰다듬어 주었습니다.

그래요. 그러한 생각이 바로 여러분을 수학자답게 만드는 것이랍니다. 전혀 이상하고 의심스러운 것이 아니에요. 당연히 생길 수 있는 그런 생각을 지나치지 않고 주목하는 것에서부터 수학이 발전하게 되는 것이죠.

그럼, 이제부터는 정말로 삼각형 세 변의 수직이등분선이 항상 한 점에서 만나는지 확인해 보도록 할까요? 그런데 어떤 방법으로 확인하는 것이 좋을까요? 여러분이 각자 아무 삼각형이나 그려 본 후 모두 한 점에서 만나는지 확인해 볼까요? 그런데 여기서 우리 모두가 힘을 합쳐서 확인해 볼 수 있는 삼각형이 몇 개나 될까요? 며칠 밤을 새우면서 엄청나게 많은 삼각형을 가지고 확인해 본다고 하더라도 모든 삼각형이 다 그렇게 된다고 단정 지어 말할 수 있을까요? 당연히 그럴 수는 없지요.

그래서 우리는 이런 경우에 일일이 구체적인 삼각형을 확인해 보는 실험을 하지 않고 논리적인 내용을 따지면서 확인해 보는 증명이라는 방법을 이용하게 되는 겁니다.

'증명' 이라는 말에 겁을 먹을 필요는 없어요. 나의 이야기가 맞다는 것을 다른 사람에게 설득력 있게 설명하는 것뿐이니까요. 배워서 알고 있는 친구도 있겠지만 증명을 하려면 제일 먼저 내가 현재 가진 재료가 무엇인지, 그 재료를 가지고 결국 무엇을 만들려고 하는 것이지 잘 생각해 보아야 합니다. 수학에서는 현재 가진 재료를 가정이라 하고, 만들고자 하는 요리를 결론이라고 합니다.

그렇다면, 우리가 지금 하려고 하는 증명의 가정과 결론은 무엇이 될까요?

가정 : 삼각형에서 두 변의 수직이등분선의 교점이 있다.

결론 : 나머지 한 변의 수직이등분선도 그 교점을 지난다.

다시 말하면 우리는 '삼각형에서 두 변의 수직이등분선의 교점은 나머지 한 변의 수직이등분선 위에 있다' 는 것을 보여 주면 됩니다. 먼저, 다음 삼각형에서 두 변의 수직이등분선의 교점을 한 번 만나 볼까요?

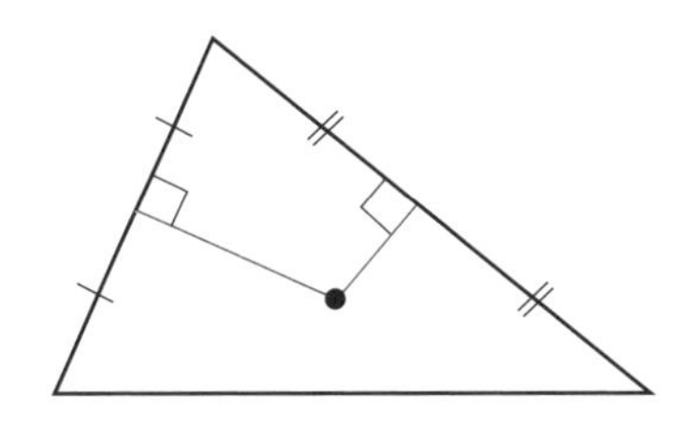

이제 이 점과 나머지 한 변을 단순히 이등분한 점을 연결해 봅

시다.

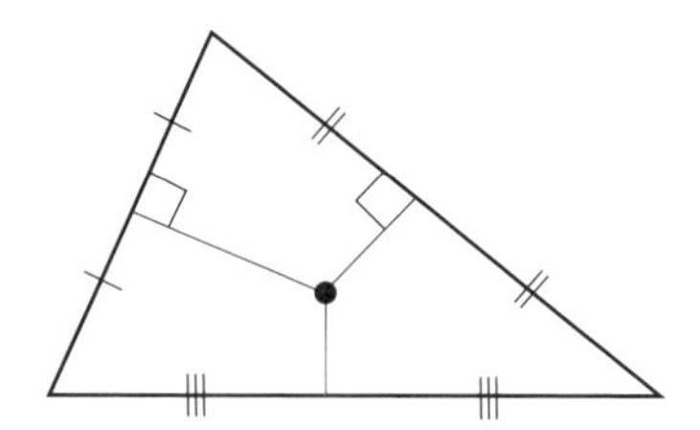

그럼, 이제 우리는 이렇게 단순히 이은 선이 하필이면 이 변과 직각으로 만난다는 것만 보여 주면 되는 것이지요. 요 타이밍에서 우린 '보조선' 이란 녀석을 살짝 빌려 옵니다. 우리가 도움을 받기 위해 있어 주었으면 하는 선을 그려 넣는 것이죠. 지금은 이 교점에서 삼각형의 각 꼭짓점까지 연결하는 직선을 그려 넣기로 합시다.

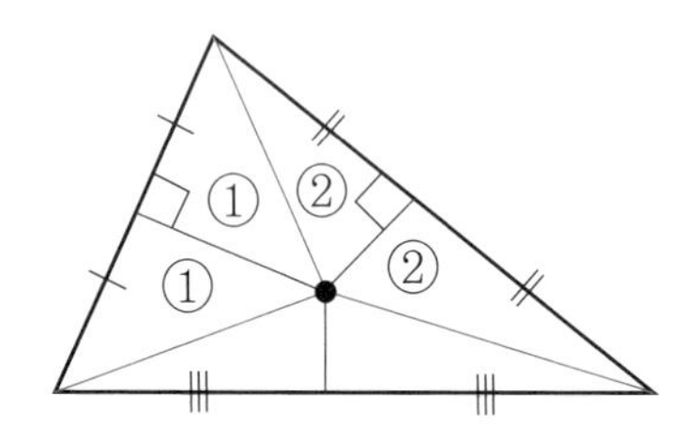

그렇게 긋고 나니 이 직선 때문에 삼각형이 여섯 개의 작은 삼각형으로 나누어졌군요.

그리고 ①번 삼각형끼리, ②번 삼각형끼리 합동이 됨을 알 수 있습니다. 뭐 굳이 여러분이 합동조건을 궁금해 한다면 SAS 합동이 되겠죠. 수직이등분선을 내린 것이므로 표시된 것처럼 변의 길이가 같고, 직각으로 각의 크기가 같으며, 수직이등분선 자체가 공통의 변이 되니 길이가 같다고 할 수밖에요.

따라서 ①번 삼각형들에서 빗변의 길이가 서로 같고, ②번 삼각형들에서 빗변의 길이가 서로 같으므로 결국 세 빗변의 길이가 모두 같게 됩니다.

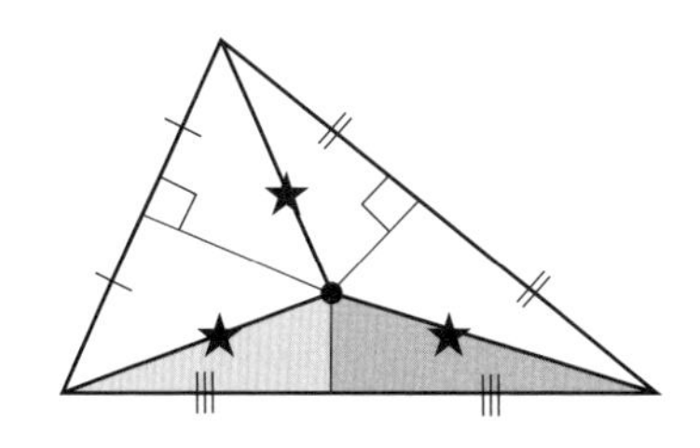

그럼, 이번에는 우리가 관심 있는 두 삼각형에만 집중해 봅시다.

두 삼각형에서 세 변의 길이가 모두 같다는 것을 확인할 수 있지요? 그럼, 드디어 우리의 요리가 완성된 건가요? SSS 합동조건에 의해 두 삼각형이 합동이면 당연히 대응하는 두 각의 크기도 같게 되는 셈이니 우리가 단순히 연결한 직선이 나머지 한 변의 수직이등분선인 것이 틀림없군요!

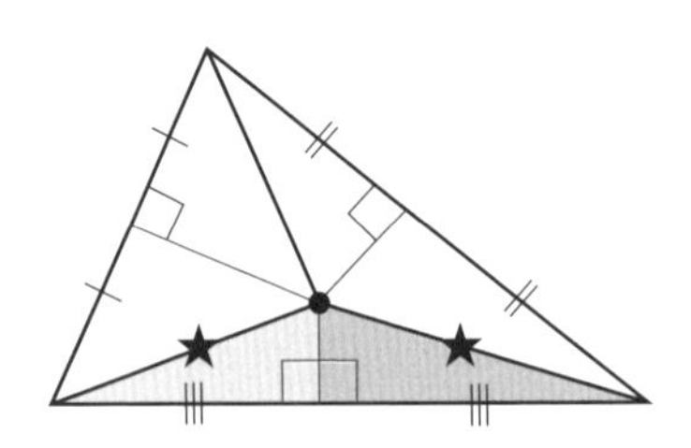

어때요, 생각보다 어렵지 않지요? 차근차근 따져나가다 보면 누구나 할 수 있는 것이 바로 증명이랍니다.

삼각형의 외심이라는 존재가 만천하에 당당히 드러났으니 이제 그 성질에 대해 좀 더 설명해도 좋겠지요?

사실 지금부터 알아볼 성질이란 것도 결국은 앞에서 우리가 말한 사실들에서 비롯된 것이 대부분입니다.

외심으로 인해 삼각형에는 세 개의 이등변삼각형이 생긴다는 사실을 이미 알고 있지요? 요 사실을 좀 더 파헤쳐 들어가 보자고요. 그러려면 이등변삼각형의 예쁘장한 성질 하나를 더 끄집어내야 합니다. 이등변삼각형은 대칭적이니까 두 밑각이 서로 같다는 것은 알고 있지요?

그렇다면 삼각형 속에 들어 있는 세 이등변삼각형의 밑각은 끼리끼리 그 크기가 같습니다. 그림에 표시해 볼게요.

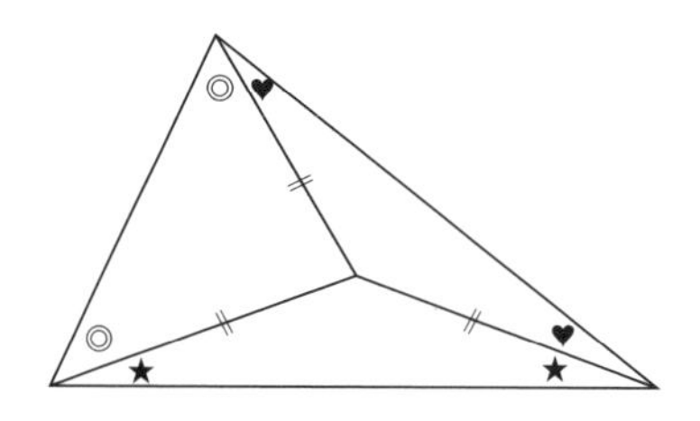

여기서 잠깐! 삼각형의 가장 유명한 성질에 관한 퀴즈 하나 나갑니다. 가장 빨리 손을 들어 맞히는 사람에게는 나와 함께 이 호수에 있는 오리 보트를 탈 수 있는 행운을 줄게요.

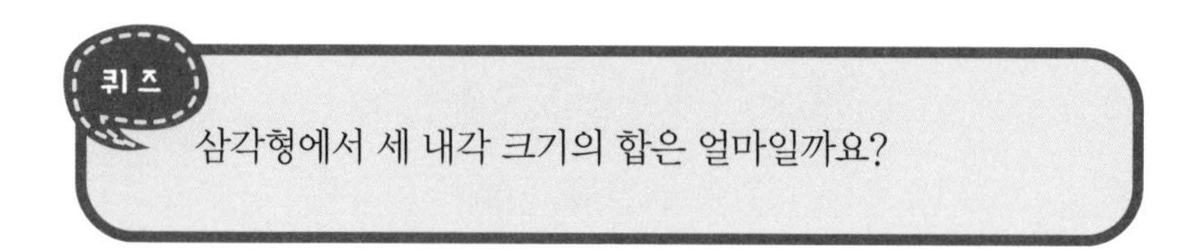

이런, 문제가 너무 쉬웠군요. 모두 손을 들었으니 어쩐다……. 그래요. 이따가 다 같이 오리 보트를 타기로 하고 큰 소리로 함께 대답해 봅시다. 정답은?

"180° 예요!"

딩동댕~! 그래요. 바로 그 사실을 이 그림에 적용해 보는 겁니다. 그럼, 표시된 각을 모두 합한 것이 바로 180°라는 말이겠군요.

그런데 표시된 여섯 개의 각 중에서 크기가 같은 것이 두 개씩 있네요. 이것을 식으로 한번 적어 볼까요?

$$2◎+2♥+2★=180°$$

따라서 대표각 하나씩만 빼서 더해 보면 결국 90°란 말씀!

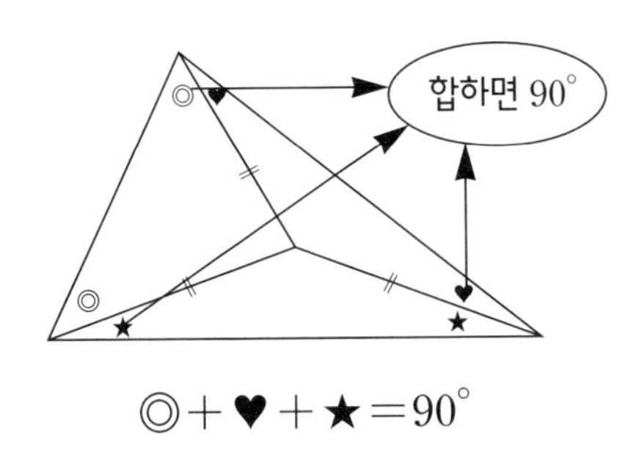

$$◎+♥+★=90°$$

이등변삼각형을 가위로 잘라 세 각이 모두 한 자리에 모이도록 붙여 볼까요?

아이들은 자신이 가지고 있는 지도를 잘라 정말로 직각이 되는지 두 각 옆에 붙여 보았습니다.

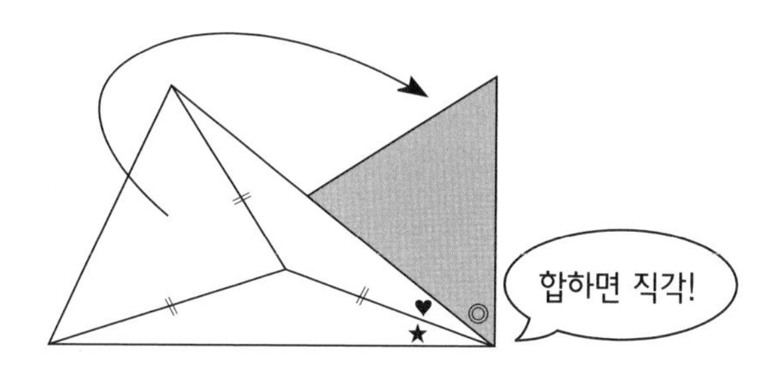

그리고 고개를 끄덕이며 외심이 만들어 내는 신기한 사실에 호기심이 몽글몽글 솟는 것을 느꼈습니다.

오일러는 각에 대한 이야기를 좀 더 들려 주기로 했습니다.

이번에도 우리의 출동맨 '보조선'을 보내기로 하죠. 길이가 같았던 세 변 중 하나를 택해 계속 연장시킵니다. 마주보는 변까지 닿도록 긋는 겁니다.

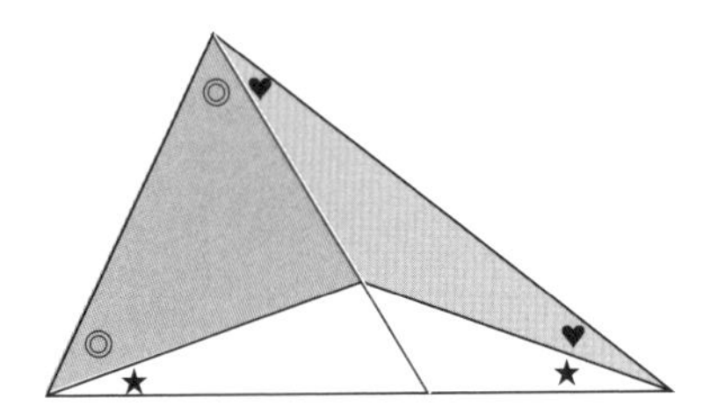

그림에서 분홍색 삼각형을 한 번 봅시다. 이 삼각형은 변에서 이은 연장선 때문에 외각이 생기게 됩니다. 그런데 이 외각이라는 녀석은 이웃하지 않는 두 내각의 합과 같다는 엄청난 비밀을 갖고 있지요.

비밀이랄 것도 없다고요? 그래요. 삼각형 세 내각의 합이 180° 라는 사실과 평각의 크기가 180° 라는 사실을 함께 생각해 보면 이 비밀 정도는 쉽게 파헤칠 수 있지요. 이건 회색 삼각형에서도 마찬가지로 적용됩니다.

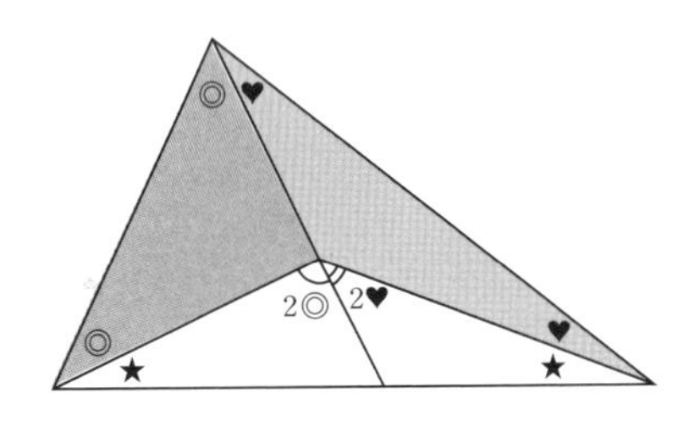

이제 설명을 잠시 멈추고 각에 대한 정보를 적어 놓은 그림만

을 한번 보도록 해요.

결국 우리가 했던 이야기에서 특별한 관계가 만들어진 각만 남겨 봅시다.

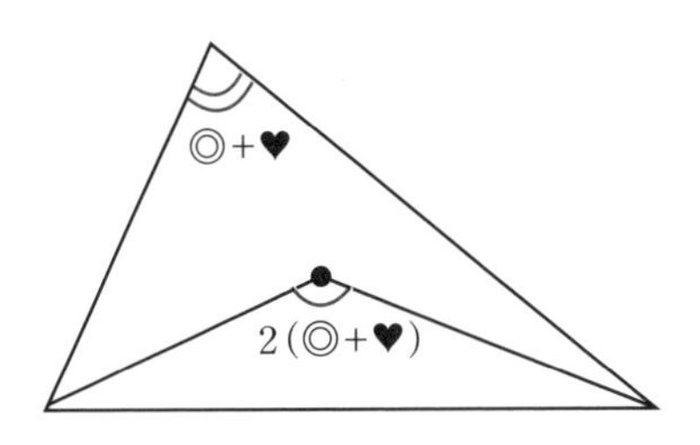

이것은 삼각형의 한 내각 크기의 두 배는 다른 두 꼭짓점과 외심을 이어 만든 각과 같다는 것입니다. 우리 조금만 더 폼을 잡아 볼까요?

지금 그린 이 그림에 외접원을 한번 그려 봅시다.

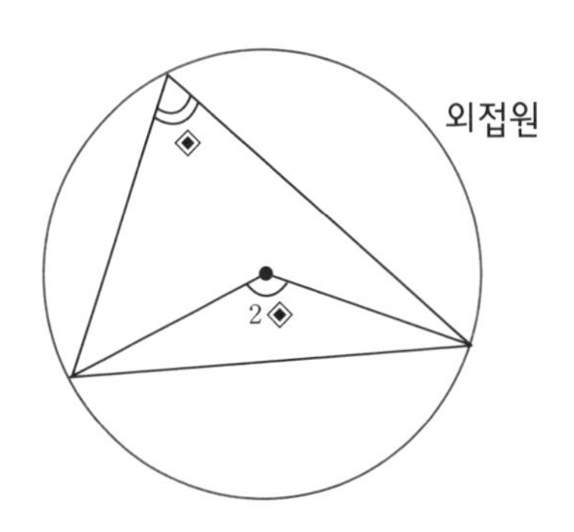

그리고 각과 관련 없는 한 변만 잠시 지워 보죠.

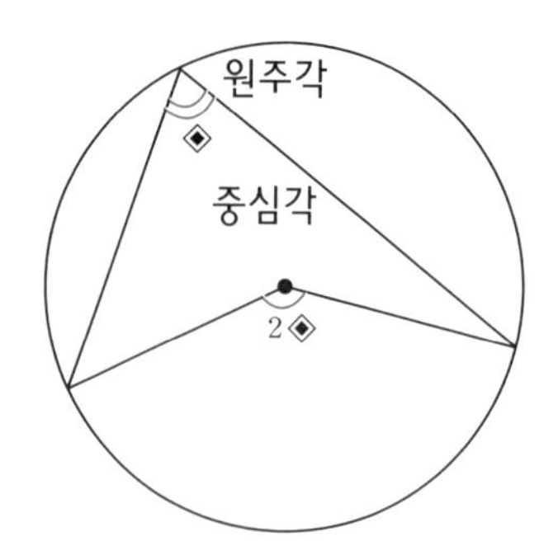

원을 배우는 수업 시간에 좀 더 자세하게 다루겠지만 그림에서 각 ◈, 즉 원주 위의 세 점으로 만들어진 각을 원주각이라고 합니다.

또 각 2◈, 즉 그림에서처럼 원의 중심과 원주 위의 두 점으로 만들어진 각을 중심각이라고 합니다.

그러니까 우리가 조금 전에 내린 결론을 좀 더 멋스럽게 말해보면 이렇게 표현할 수 있는 것이지요.

중요 포인트

중심각은 원주각의 두 배이다.

자, 그럼 외심의 멋진 비밀을 함께 알아 낸 기념으로 우리 다 함께 오리 보트를 타러 가 볼까요?

아이들은 삼삼오오 짝을 지어 오리 보트에 올라탔습니다. 그런데 조금 놀다 보니 갑자기 빗방울이 떨어지기 시작했습니다. 아이들과 오일러는 서둘러 선착장으로 돌아와 근처에 있는 전통놀이 동산의 실내 씨름장으로 비를 피하러 들어갔습니다.

"한창 재미있었는데 너무 아쉬워요, 오일러 선생님."

그래요. 그건 나도 마찬가지예요. 그런데 오리 보트에서 내리면서 아주 재미있는 실험이 생각났답니다. 호수에 떨어지는 빗방울 덕분에 외심을 만나볼 수 있는 실험을 알게 되었지요.

아이들은 빗방울과 외심이 무슨 상관이 있을까 의아한 표정으로 오일러를 바라보았습니다.

여러분, 호수에 빗방울이 떨어지면 물결이 동심원을 이루면서 퍼져나가게 되지요? 굵은 빗방울은 크게, 가는 빗방울은 작게 동심원을 그리게 될 거예요.

그런데 잔잔한 호수에 크기가 같은 돌멩이를 두 개 던진다고 생각해 보세요. 그럼, 돌멩이를 던진 곳에서 퍼지는 동심원 물결이 다른 동심원 물결과 만나게 되겠지요?

이때 동심원 물결이 만나는 지점은 돌멩이를 던진 곳으로부터 항상 같은 거리에 있습니다.

만약 돌멩이를 동시에 세 군데에 던져 보면 어떻게 될까요? 신기하게도 그 동심원 물결들이 동시에 만나는 곳은 바로 돌멩이 세 개가 꼭짓점이 되는 삼각형의 외심이 된답니다.

"선생님, 상상만으로는 감이 잘 오지 않아요. 돌멩이를 던지러 다시 호수로 가 보면 안 될까요?"

아이들은 말로 듣는 것보다 실제로 외심이 만들어지는 것을 보고 싶은 호기심에 오일러를 조르기 시작했습니다.

비도 오는데 호수까지 갈 필요 없어요. 바로 이 씨름장에서 여러분과 함께 그 실험을 해 볼 거니까요. 물이 없다고 걱정할 것 없답니다. 씨름장에 있는 이 모래들이 물의 역할을 해 줄 거예요. 그 외의 준비물은 두꺼운 종이판이 있으면 좋겠군요. 종이판에 크기가 같은 구멍 세 개를 삼각형의 꼭짓점처럼 되도록 일직선이 아닌 상태로 뚫습니다.

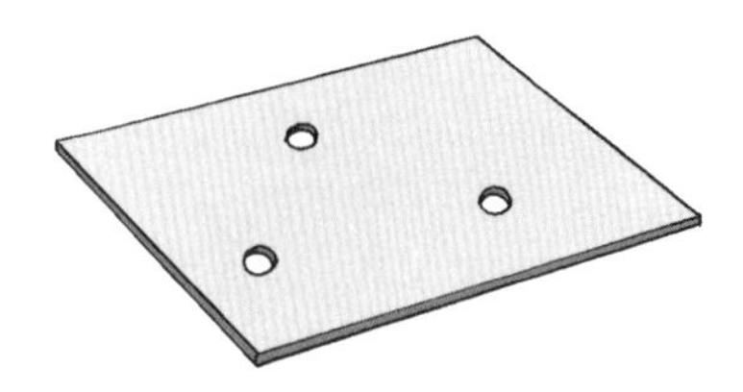

그리고 이 종이 위에서 모래를 아래로 흘러내려가게 해 보세요. 그러면 종이 아래에는 어떤 식으로 모래가 쌓이게 될까요? 한번 모래를 흘려 봅시다.

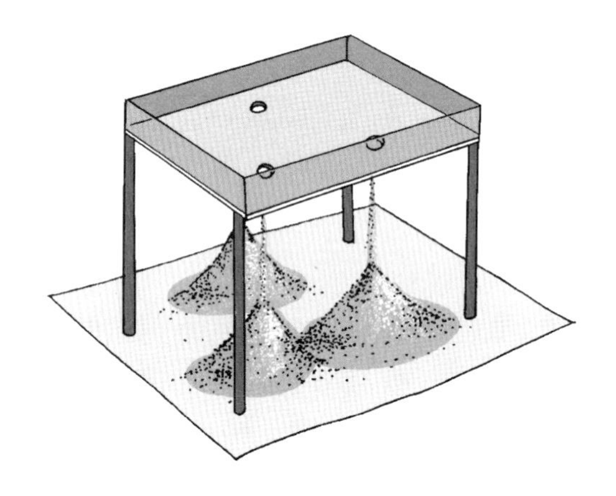

오~ 선생님, 원뿔 모양의 모래성이 쌓이고 있어요. 그리고 그 원뿔 모래성이 서로 만나는 곳에 선이 생기네요.

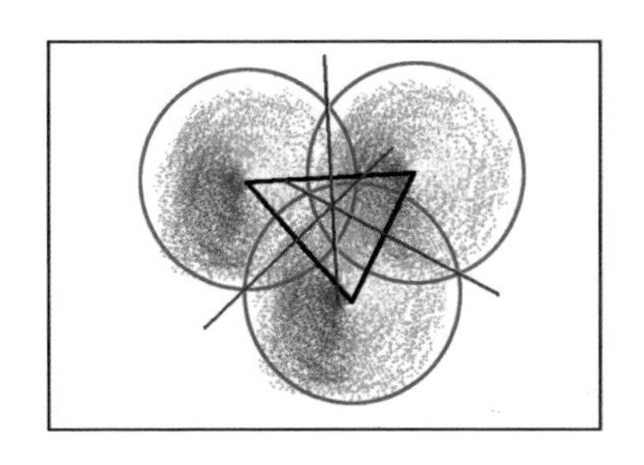

그래요. 세 개의 직선이 보이죠? 이것이 바로 원뿔 모래성이 만나는 선이 되겠지요. 그렇게 되면 결국 이 선은 모래를 뿌린 구멍을 이은 삼각형의 두 꼭짓점을 이은 변의 수직이등분선이 되는 거랍니다. 그러니 세 변의 수직이등분선이 모두 만나는 바로 그 점이 외심이지요. 아까 말한 물결에서도 마찬가지 원리가 적용됩니다.

아이들은 모두 작도로 찾았던 외심을 모래 실험으로 찾은 것이 신기해서 서로 모래를 뿌려 보며 외심 실험을 직접 해 보았습니다.

그 모습을 흐뭇하게 보며 전통놀이 동산을 둘러보던 오일러는 한쪽 벽에 걸린 전통 유물 모형을 보고 아이들에게 장난을 쳐 보기로 했습니다.

아니, 이곳에 들어온 사람은 우리밖에 없는데 이 유물의 일부분이 깨져 있군요. 누가 깨뜨렸나요?

아이들은 깜짝 놀라며 유물 모형이 걸린 벽을 바라보았습니다.

얼굴무늬 수막새 신라인의 미소

"어? 저희는 씨름장에 와서 실험하는 것을 봤을 뿐인데, 그걸 누가 깨뜨렸을까요? 저는 아니에요."

"저, 저도 절대 아닌데요?"

아이들이 모두 자기가 한 일이 아니라고 말하며 당황해 하자 오일러는 좀 미안한 생각이 들었습니다.

누가 한 일인지는 중요하지 않죠. 우리 함께 원래 모습으로 만들어 놓으면 되지 않을까요? 자, 유물을 이리 가지고 와 보세요.

흠……, 남아 있는 모양으로 짐작해 보면 원래 원 모양이었던 것 같아요. 사람의 얼굴을 만든 것이니 더욱 그럴 것이라는 생각이 드네요. 그럼, 나머지 원 모양은 어떻게 만들어 내면 좋을까요?

"선생님, 원 모양이니 중심만 알아내면 컴퍼스로 돌려서 기본 모양을 잡을 수 있을 것 같아요."

"대충 콧구멍쯤이라고 잡으면 될 것 같은데……. 좀 더 정확하게 중심을 찾을 수는 없을까요?"

"얼굴 안에 삼각형이 있으면 아까 배운 대로 외심을 찾으면 그만인데 말이에요. 삼각형이 없으니 그럴 수도 없고……."

"뭐, 삼각형이라고? 없으면 어때? 우리가 만들면 되지."

아이들은 얼굴 속에 남아 있는 원주 위에 세 점을 잡고 오일러에게 배운 대로 세 변의 수직이등분선을 그어 보았습니다. 물론 두 개만 그어도 이미 알 수 있게 되어 아이들의 얼굴에 기쁨의 미소가 번졌습니다.

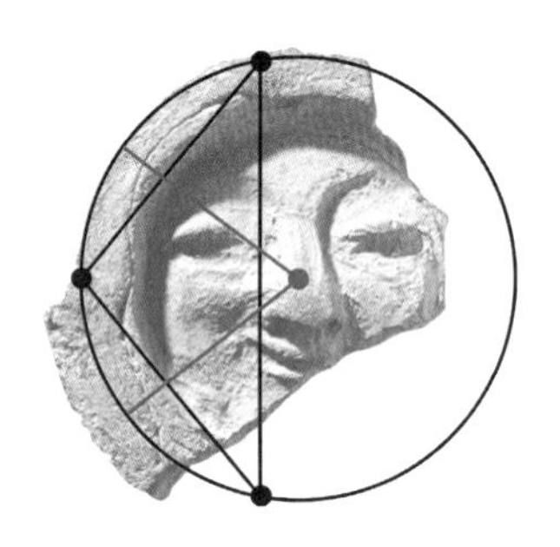

오호~, 여러분은 정말 대단한 제자들이에요. 조금 전에 배운 외심의 성질을 잘 응용했군요. 그래요. 없던 삼각형도 만들어서 외심의 힘을 이용하는 실력을 유감없이 발휘했네요.

그건 그렇고, 정말이지 이 유물의 미소가 참으로 아름답지 않나요?

그때 유물 모형이 걸린 벽에 쓰여진 안내문을 읽던 한 아이가 오일러에게 달려와 말했습니다.

"선생님! 저희에게 장난치신 거죠? 저건 오늘 누군가가 깨뜨린 것이 아니라 원래 깨어진 상태로 발견된 유물이라고요. 경주의 '흥륜사'라는 절터에서 출토된 '얼굴무늬 수막새'로, 별명이 '신라인의 미소'라는데요?"

하하, 여러분에게 외심을 더 잘 느끼게 하려고 그런 것이니 너무 화내지 말아요. 그 대신 이 유물에 얽힌 재미난 역사 이야기를 해 줄게요. 먼저 수막새가 무엇인지 궁금하지요? 수막새는 나무로 만들어진 건축물의 지붕에 있는 기왓골 끝에 사용되었던 기와를 말합니다. 사실 이 유물은 일제강점기에 경주에서 의사로 근무했던 일본인 청년이 한 고물상에서 구입한 것이었다고 해요. 그 후 이 청년이 일본으로 돌아가면서 이 '얼굴무늬 수막새'도 고향을 떠나 낯선 땅으로 흘러들어갔지요. 그렇지만 이 아름다운 유물의 존재에 대해 기억하던 경주 박물관의 한 관장님이 오랫동안 노력한 끝에 30년의 세월이 흐른 후인 1972년, 국립경주박물관으로 돌아오게 되었답니다.

그렇게 '신라인의 미소'는 고향으로 돌아오게 되었지요. 여러분의 조상이 남긴 유물도 매우 훌륭하지만 그것을 찾아서 지켜내는 모습도 무척 아름답지요?

아이들은 어깨가 으쓱해지는 기분을 느끼며 다시 한 번 얼굴무늬 수막새를 바라보았습니다. 그리고 점심시간이 다 되어 푸드코트를 향해 모두 함께 걸어갔습니다.

두번째 수업 정리

- 삼각형에는 항상 외심이 존재합니다.

외심은 여러 가지 성질을 가지고 있습니다.

❶ 외심에서 삼각형의 세 꼭짓점에 이르는 거리는 모두 같습니다.

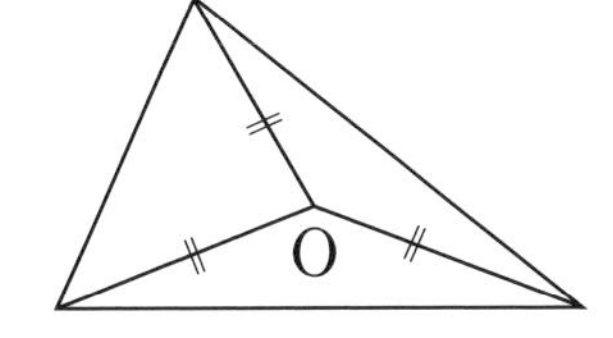

❷ 외심으로 나누어지는 세 이등변삼각형 한 밑각들의 합은 90° 입니다.

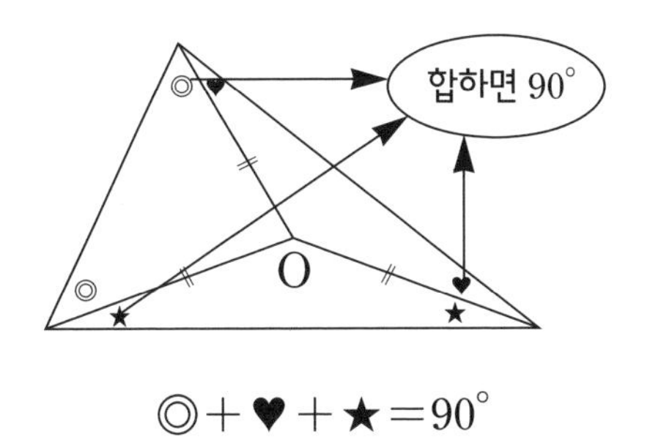

◎＋♥＋★＝90°

❸ 외심과 두 꼭짓점을 이어 만든 직선들이 이루는 각은 한 내각의 두 배입니다.

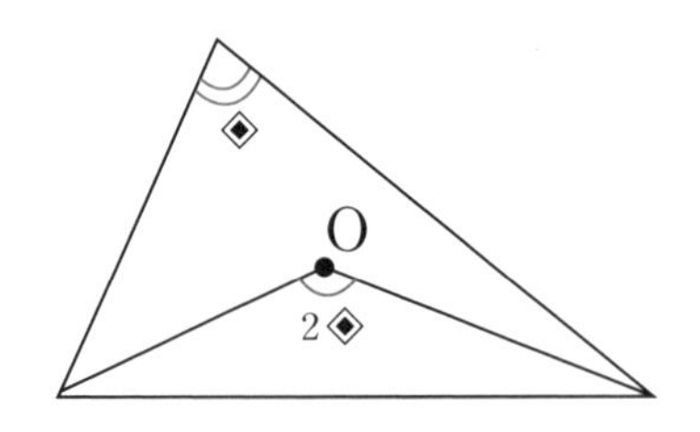

로봇 초밥집 사장님의 고민

삼각형의 내심이 무엇인지 알아보고,
그 점을 찾는 방법에 대해 공부합니다.

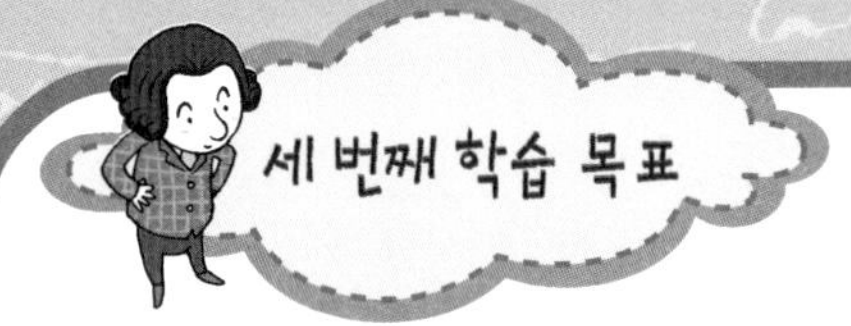

1. 삼각형의 내심의 정의와 기호를 알아봅니다.
2. 삼각형의 내심을 찾는 방법을 알아봅니다.
3. 삼각형의 종류에 따른 내심의 위치를 알아봅니다.
4. 삼각형에는 내심이 항상 존재한다는 것을 증명해 봅니다.

미리 알면 좋아요

1. 수선의 발 한 점에서 선분에 대해 수선을 내릴 때, 이 수선과 선분이 만난 교점을 수선의 발이라고 합니다. 자세한 이야기는 이 책의 일곱 번째 수업에서 보게 될 것입니다.

2. 최단거리 한 점과 직선 사이의 최단거리는 한 점에서 이 직선에 내린 수선의 발까지의 거리입니다.

3. 직각삼각형의 합동조건 두 직각삼각형이 합동임을 밝힐 때는 SSS, SAS, ASA 합동조건으로도 가능하지만 다음의 두 합동조건을 이용할 수도 있습니다. 이때 R은 Right angle직각, H는 Hypotenuse빗변의 약자입니다.

- 빗변의 길이와 다른 한 변의 길이가 서로 같다. RHS 합동
- 빗변의 길이와 한 내각의 크기가 서로 같다. RHA 합동

외심에 대한 수업을 하다 보니 모두들 배가 고파졌습니다. 삼각랜드에는 다양한 메뉴를 파는 식당이 있어서 각자 먹고 싶은 곳으로 가서 즐겁게 식사를 하기로 했습니다.

그런데 단 한 군데, 로봇 초밥집만이 영업을 하지 않고 있었습니다. 다음 주에 영업을 시작한다는 초밥집 사장님은 초밥 로봇을 어디에 두면 좋을지 고민을 하고 있었습니다. 오일러는 이것을 보고 다음 수업을 이 초밥집에서 하기로 했습니다.

여러분, 다들 점심식사는 즐거웠나요? 나는 여러분과 함께 초밥집 사장님의 고민을 해결해 드린 후 먹으려고 기다렸답니다. 우리 모두 사장님의 고민을 들어 보고 함께 해결해 볼까요?

"흠흠, 안녕하세요 여러분! 저는 이번에 초밥집을 위해서 초밥 만드는 로봇을 직접 개발했답니다. 일정한 양의 밥을 딱딱 떠서 맛있는 회나 계란 등으로 초밥을 만들 수 있는 로봇으로, 한 시간에 무려 3000개의 초밥을 만들지요. 그런데 문제는 초밥을 놓는 레일이 삼각형인데 로봇은 한 대밖에 없다는 것입니다. 다시 말해, 로봇의 팔 길이를 일정한 상태로 맞춰 두고 작업을 시켜야 하는데 대체 로봇을 이 삼각 레일의 어디에 세워 두어야 초밥을 떨어뜨리지 않고 세 개의 레일에 모두 놓을 수 있냐는 것입니다. 여러분, 대체 어디에 초밥 로봇을 두어야 할까요?"

아이들은 사장님의 고민을 듣더니 사육사 집의 위치를 정할 때와 비슷한 상황임을 깨닫게 되었습니다.

"로봇의 팔 길이는 고정되어 있으니까 로봇이 서 있는 위치에서 레일까지의 거리가 같아야 되는 거네요. 그렇다면 사육사 집의 위치를 정할 때처럼 외심을 찾으면 되는 거 아닐까요?"

"글쎄……. 비슷하지만 조금은 다른 것 같아. 꼭짓점까지 거리가 같은 점을 찾는다면 외심이 좋겠지만 지금은 굳이 꼭짓점까지의 거리가 같은 곳을 찾을 필요가 없거든. 로봇의 팔이 너무 길어지잖아. 로봇의 팔 길이가 되도록 짧은 게 좋지 않을까?"

"그렇다면 이렇게 각 레일의 변에서 거리가 같은 곳에 로봇을 두는 거야. 어때요, 오일러 선생님?"

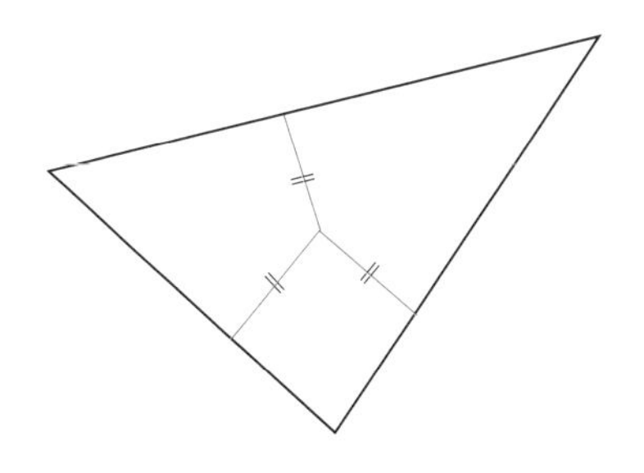

아이들의 대화를 지켜보던 오일러는 아주 만족한 웃음을 띠면서 아이들의 생각을 도와주었습니다.

그렇다면 이번에도 그 길이를 반지름으로 하는 원이 그려질 수 있겠네요. 자, 이 종이 위에 한번 그려 보겠습니다.

자, 그런데 한 점에서 직선까지의 최단거리는 어떻게 나타내죠? 바로 수선을 내리면 됩니다.

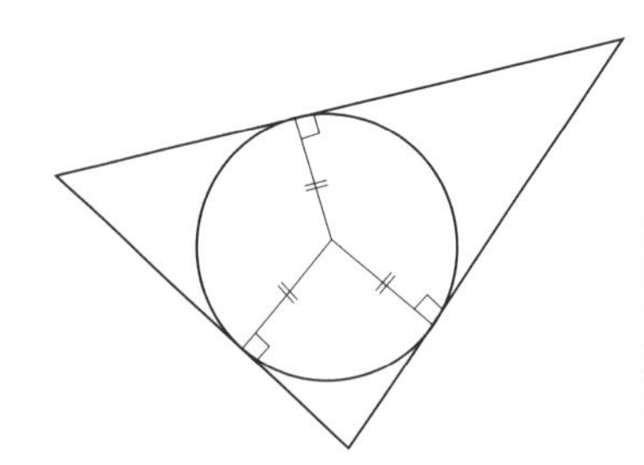

원이 삼각형 안에 붙어 있고, 삼각형은 원의 바깥에 붙어 있다.

"와아~, 이번에는 삼각형의 안쪽에 원이 그려졌네요. 그것도 꽉 차게 말이에요. 그렇다면 이것은 밖에 있는 것이 외접삼각형, 안에 있는 것이 내접원 아닌가요?"

이런, 이젠 나의 한자 교실에 들르지 않고도 대번에 맞히는군요.

그래요. 이 두 도형 사이에도 역시 안과 밖이라는 관계가 성립되었어요. 우리가 배웠던 한자를 또 한 번 잘 버무려 봅시다.

원 밖에 딱 붙어 있는 삼각형은? 외접삼각형
삼각형 안에 딱 붙어 있는 원은? 내접원

그러니까 우리가 그린 원이 내접원이 되는 것이고, 우리가 초밥 로봇의 위치로 잡은 점은 내접원의 중심이 되는 것이랍니다.

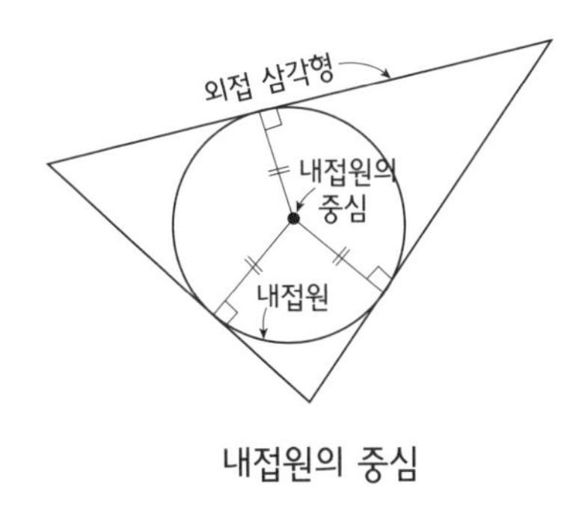

내접원의 중심

"오일러 선생님, 그러면 이 내접원의 중심은 '내심'이라고 줄여 부르겠네요? 그건 짐작할 수 있을 것 같은데 이번에도 영어

이름을 가르쳐 주실 거죠?"

오호~, 역시 여러분은 센스가 뛰어납니다. 내심은 삼각형을 포함한 어떤 도형 안에 꽉 차게 들어앉은 내접원의 중심을 말하는 것이지요. 흔히 기호로 나타낼 때는 '내심 I' 라고 하는데 이때 영어 알파벳 'I' 는 '안' 이라는 뜻을 담고 있는 'In' 이라고 보면 됩니다. 사실 내심의 영어 단어가 바로 이 단어를 포함하고 있는 'Incenter' 이거든요. 'center' 가 '중심' 이라고 한 것은 기억하지요?

그럼, 이번에도 대체 이 점을 어떻게 정확하게 찾아야 하는지가 우리의 고민거리군요.

우리가 알고 있는 어떤 성질을 이용할 수 있을지 잘 한번 따져봅시다. 그림을 다시 보도록 할까요?

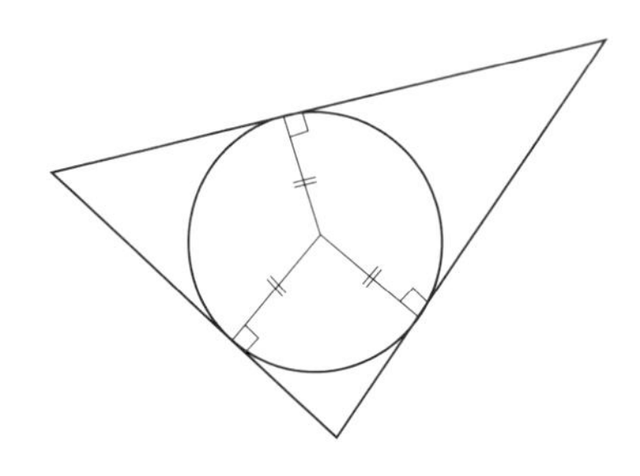

지난번 외심에서는 이등변삼각형이 등장해 주어서 그 성질을

멋지게 이용했는데, 불행히도 이번에는 삼각형이 없군요. 그나마 삼각형에 대해서는 조금 알고 있는데 말이에요.

그럼, 이번에도 우리의 출동맨인 '보조선'을 불러 볼까요?

그런데 이번에는 어디로 출동시켜야 삼각형이 만들어질까요? 내심에서부터 각 꼭짓점을 아무 생각 없이 이어 보기로 하죠. 그냥 자만 있으면 되니까 이렇게 긋는 것에 대해 태클 걸 사람은 아무도 없겠죠?

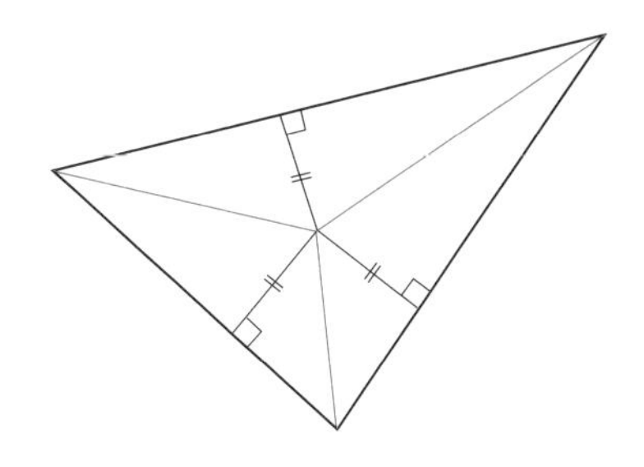

이렇게 보조선을 출동시키고 보니 이번에는 무슨 삼각형이 눈에 들어오나요?

그래요. 직각삼각형이 세 쌍 생긴 것을 발견할 수 있을 겁니다. 내가 왜 여섯 개가 아니라 세 쌍이라고 표현했을까요?

그림을 한 번 잘 보세요. 합동일 것 같은 느낌이 드는 삼각형이 보이지 않나요?

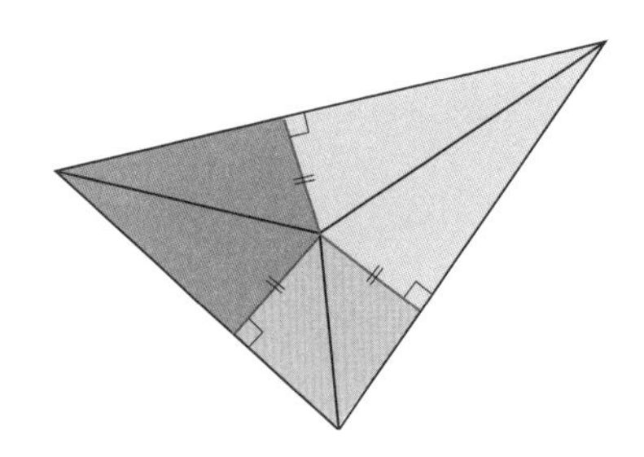

"그렇게 보이긴 하지만 지난번에 선생님께서 느낌만으로 단정지어 말하면 안 된다고 하셨잖아요. 논리적으로 증명해야 하지 않을까요?"

어이쿠, 내가 한 방 맞았군요. 그래요. 하지만 증명을 하기 전에는 이런 느낌, 즉 '직관'의 도움을 받으면 좋답니다. 그럴 것 같다는 생각의 싹이 증명이라는 영양분을 먹고 자라 이론의 열매를 맺게 되는 것이거든요.

자, 그럼 왜 합동이 되는지 함께 증명해 볼까요? 다 비슷한 상황이니 한 쌍만 떼어서 집중적으로 보기로 합시다.

한 쌍의 삼각형은 둘 다 직각삼각형이고, 한 개의 변의 길이가 서로 같습니다. 게다가 또 다른 한 개의 변은 서로 공유하고 있지요. 이런 경우 우리는 RHS 합동조건에 의해 두 직각삼각형이 합동임을 알 수 있습니다.

왜 그렇게 되는지 잘 모르겠다고요? 흐음, 친절함의 명성을 지키기 위해 설명을 더 하도록 하죠.

삼각형 하나를 뒤집어 봅시다. 그러고 나면, 짜잔! 둘이서 만나 하나의 삼각형이 만들어집니다.

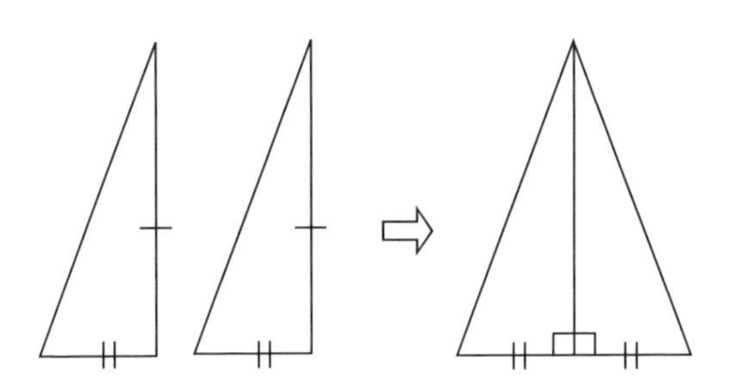

그런데 이 삼각형을 가만히 보면 하나의 각에서 내린 수선이 대변을 이등분하고 있음을 알 수 있어요. 이런 성질을 가진 삼각형이 무슨 삼각형이죠?

그래요. 이등변삼각형이죠. 그럼, 당연히 양쪽이 대칭으로 되어 있을 것이고, 이등분된 각은 크기가 같다는 결론을 얻게 됩니다.

다시 우리의 그림으로 돌아가 이것을 적용해 보면 '세 쌍의 직각삼각형은 끼리끼리 합동이다.' 이런 말이 되는 것이지요. 그럼, 당연히 대응각이 같겠지요? 이쯤 되면 우리의 내심을 어떻게 찾아야 할지 감이 잡히나요?

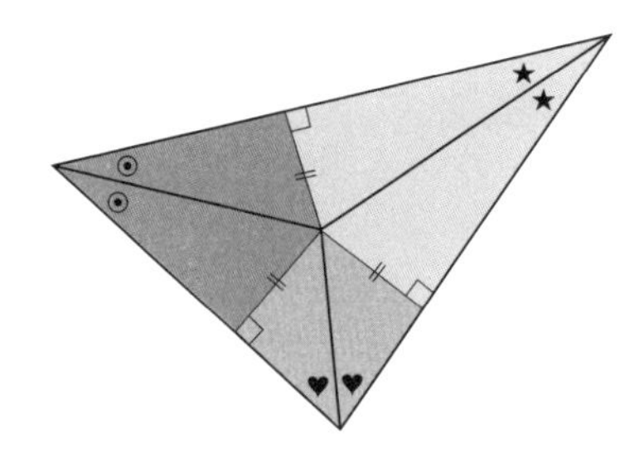

우리가 출동시킨 보조선이 결국 삼각형 각의 이등분선이네요. 그럼, 각만 이등분할 수 있다면 그 세 선이 만나는 한 점을 찾으면 되는 거로군요.

"이것도 배운 지가 좀 되어서 기억이 날 듯 말 듯한데 오일러 선생님께서 한 번 더 친절하게 설명해 주시면 안 될까요? 제발요~."

그럴 줄 알고 준비해 왔답니다. 자, 여기 내심 작도 레시피!

내심 작도 레시피

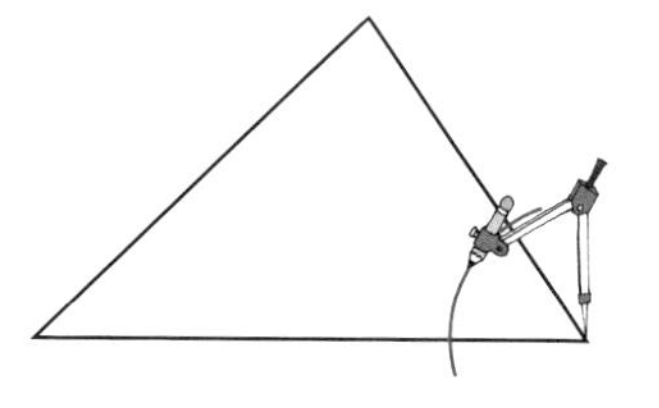

① 한 꼭짓점에 컴퍼스의 침을 꽂고 고정한다.

② 대충 변의 길이의 $\frac{1}{3}$쯤에 그림처럼 반원을 그린다.

③ 이번에는 반원과 각이 만난

교점 하나에 컴퍼스의 침을 꽂고 ②번 정도 크기의 반원을 그린다.

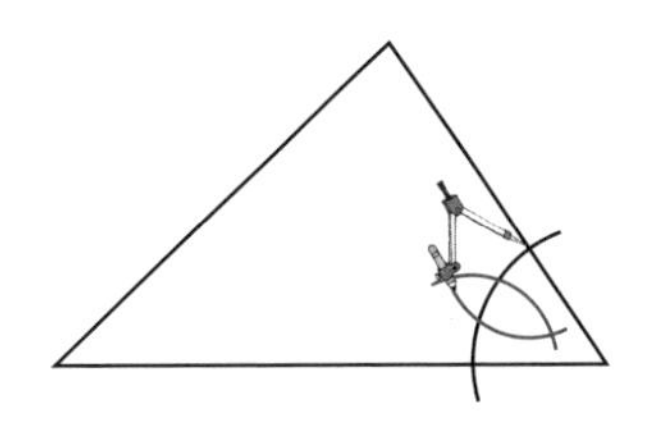

④ 이런 작업을 다른 하나의 교점에서도 한다면 또다시 교점이 생기게 된다.
단, 이때 위에서 그린 반원의 크기와 똑같아야 한다.

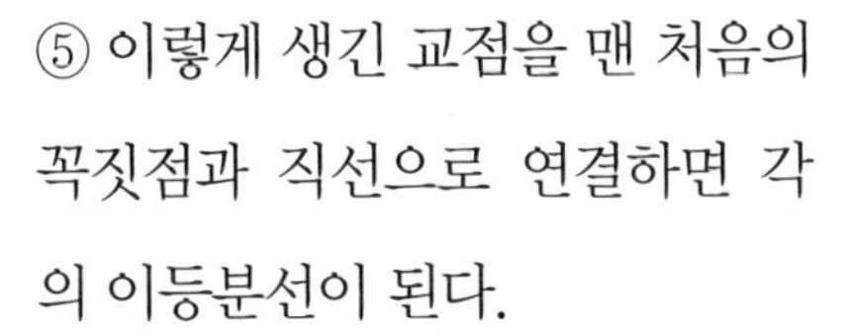

⑤ 이렇게 생긴 교점을 맨 처음의 꼭짓점과 직선으로 연결하면 각의 이등분선이 된다.

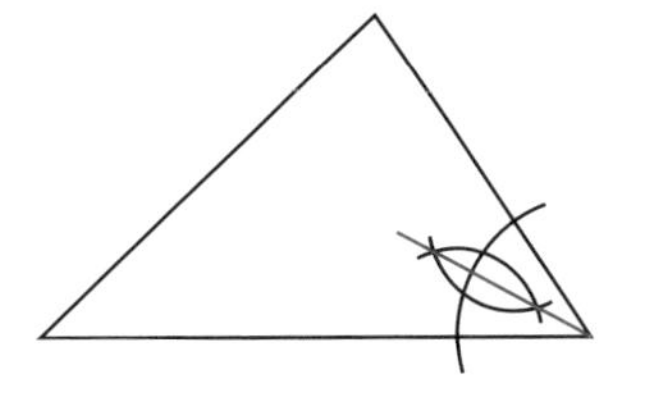

⑥ 이 작업을 다른 각마다 해 주면 세 개 각의 이등분선이 만나고, 이 교점이 바로 내심이 된다.

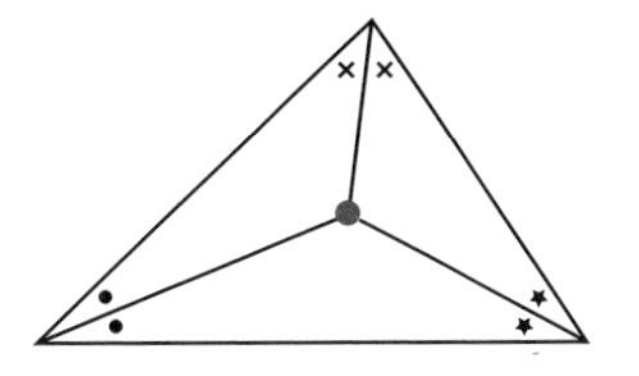

"우아~, 덕분에 기억이 다 났어요. 그런데 이번에도 외심의 경우처럼 컴퍼스가 없는 저희를 위한 보너스도 잊지 않으셨겠죠?"

당연하지요! 이번에는 각을 이등분해야 하니까 변이 서로 만나도록 접은 자국을 내면 되겠지요. 이렇게 생긴 자국이 바로 그 각의 이등분선이 되는 거니까요. 한 각만 더 이 자국을 내면 교점이 보일 것이고 그게 바로 삼각형의 내심이 되는 것이지요.

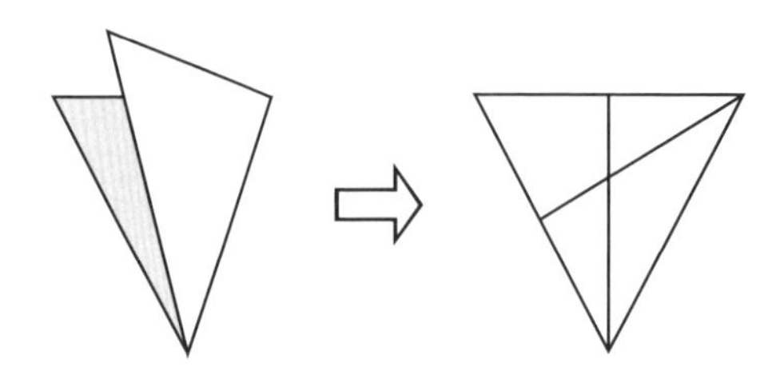

이번에는 어떤 종류의 삼각형을 접더라도 내심을 찾지 못하는 일은 없을 겁니다. 접어 보면 금방 눈으로 알 수 있겠지만 외심과는 달리 모두 삼각형의 내부에 내심이 존재하거든요. 내접원 자체가 삼각형의 내부에 들어 있으니 그 원의 중심이 삼각형의 내부에 있는 것은 당연한 일 아니겠어요?

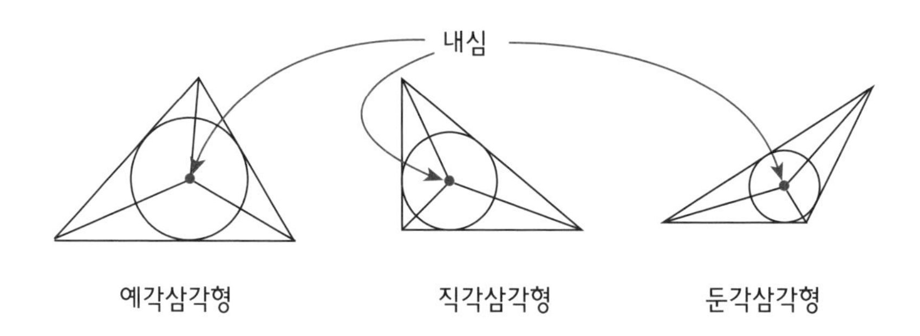

"선생님, 이번에도 지난번 외심처럼 세 각의 이등분선이 한 점에서 만나네요?"

그래요. 내심도 외심처럼 삼각형에서 항상 존재한다는 것을 모두에게 공표할 수 있으려면 증명의 과정을 거쳐야겠죠? 이번에는 그리 어렵지 않게 할 수 있을 것 같군요. 지난번에 이 증명을 어떤 식으로 했는지 기억하나요?

우선 가정과 결론을 정리해 보고 그 사이의 다리를 어떻게 연결할 수 있을지 보조선을 출동시켜 완성했었지요? 이번에도 지금 하려고 하는 증명의 가정과 결론을 정리해 봅시다.

가정 : 삼각형 두 각의 이등분선의 교점이 있다.

결론 : 나머지 한 각의 이등분선도 그 교점을 지난다.

이 말은 곧 '삼각형 두 각의 이등분선의 교점은 나머지 한 각의 이등분선 위에 있다.' 는 말이겠지요.

자, 그럼 가정과 결론 사이에 다리를 놓는 작업으로 들어가 볼까요? 가정에 있는 대로 두 각을 이등분한 두 선이 한 점에서 만나는 것은 지극히 당연한 일이 되지요.

이렇게 생긴 교점을 정한 후 아무 생각 없이 나머지 꼭짓점과 그 교점을 직선으로 연결합니다.

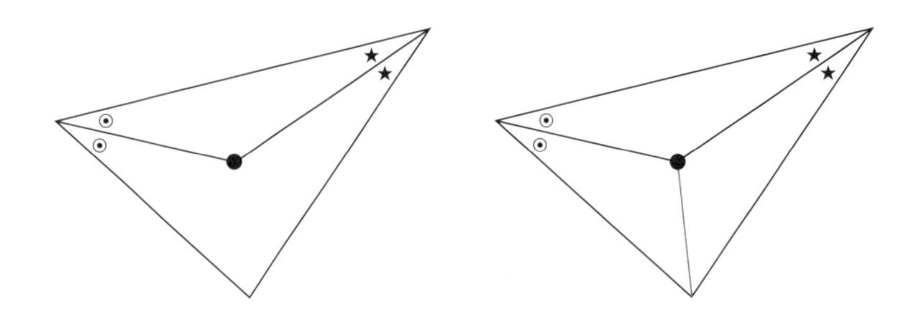

이제 우리는 이렇게 그어진 직선이 나머지 각을 이등분한다는 것만 보이면 됩니다. 이걸 어떻게 보일까 고민해야 되는 것이죠. 각이 같다는 것을 측정해서 보일 수는 없고, 우리가 가진 재료라고는 삼각형의 합동조건밖에 없습니다.

이것으로 두 각이 같다는 것을 보여야 하는데 합동일 것 같은 삼각형도 보이질 않네요.

이때 등장하는 우리의 출동맨, 보조선!

우리의 보조선에게 교점에서부터 어디를 향해 날아가라고 하면 좋을까요?

합동인 삼각형을 만들어 내는 것이 목적이니까 각 변을 향해 수선의 발을 내리게 하면 되겠네요.

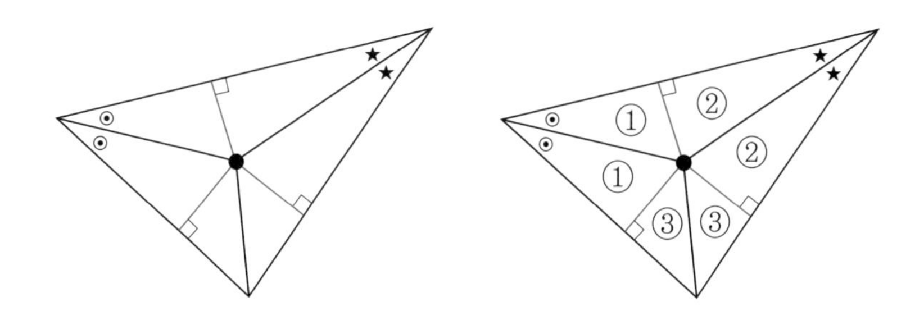

①번 삼각형끼리는 둘 다 직각삼각형에다 빗변을 공유하고 있고, 대응각이 같기 때문에 RHA 합동이 됩니다. 그러면 삼각형의 세 변 중 가장 짧은 변의 길이가 대응변으로 같은 것은 두말하면 잔소리겠지요. 이런 일은 ②번 삼각형끼리에서도 나타납니다. 그러니 당연히 또 짧은 변의 길이가 같을 테지요. 결국 세 짧은 변은 모두 같은 길이라는 것이 드러나게 되었네요.

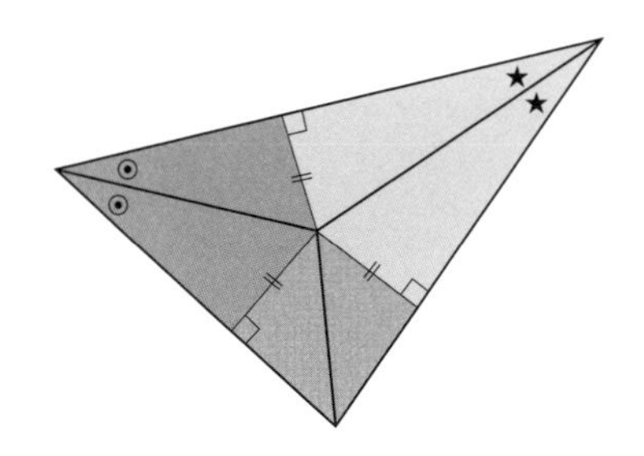

이제 ③번 삼각형들의 운명은 어떻게 되는 걸까요? 직각삼각형인데 빗변의 길이가 같고, 한 쌍의 대변의 길이가 같다. 빙고! RHS 합동조건에 딱 들어맞게 되네요.

이리하여 결국 우리가 원하는 결과, 즉 그저 교점과 꼭짓점을 이었던 선이 각의 이등분선이라는 사실을 이끌어 낼 수 있게 되었어요.

그러자 로봇 초밥집 사장님의 얼굴에 환한 웃음이 퍼졌습니다.

"그럼, 삼각 레일 세 각의 이등분선의 교점 위치에 초밥 로봇을 두면 되겠군요. 정말 감사합니다. 저의 고민을 해결해 주셔서요."

자, 여러분 모두 초밥 레일에 앉으세요. 우리 로봇이 고마운 마음을 담아 여러분에게 맛있는 초밥을 선사할 것입니다.

"와아~, 고맙습니다. 이건 모두 내심을 가르쳐 주신 오일러 선생님 덕분이에요. 선생님, 잘 먹겠습니다."

세번째
수업 정리

❶ 삼각형의 내심은 삼각형의 안으로 꽉 차게 들어앉은 내접원의 중심입니다. 기호로는 '내심 I' 라고 표현합니다.

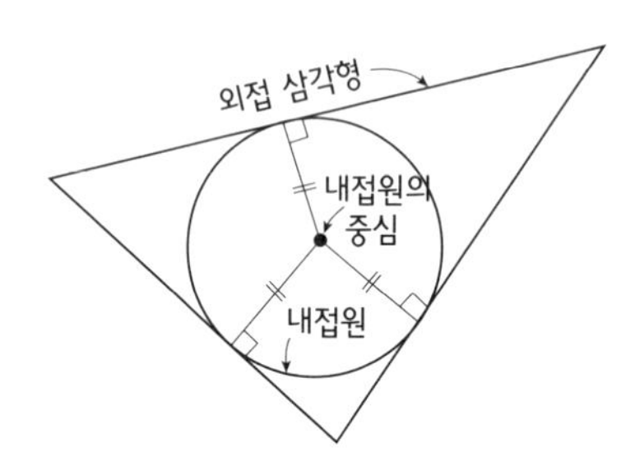

❷ 삼각형 세 각의 이등분선은 한 점에서 만나는데 이 점이 바로 내심입니다. 따라서 내심을 찾을 때는 두 각의 이등분선의 교점으로 찾는 것이 가장 편리합니다.

❸ 삼각형의 종류에 상관없이 내심은 모두 삼각형의 내부에 위치합니다.

모래가 만든 마술

삼각형의 내심이 가지는 여러 가지 성질을 알아봅니다.

1. 삼각형의 내심이 갖고 있는 여러 가지 성질을 알아봅니다.

미리 알면 좋아요

1. 평행선과 동위각, 엇각 평행선과 다른 한 직선이 만날 때, 동위각과 엇각의 크기는 항상 같습니다.

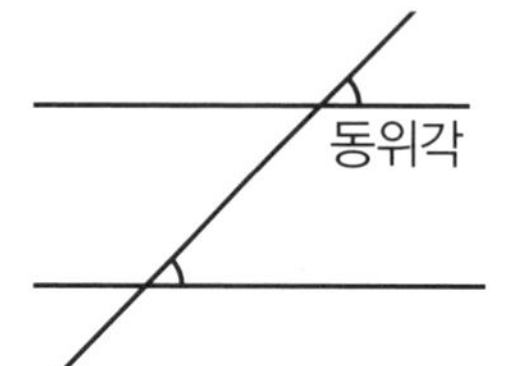

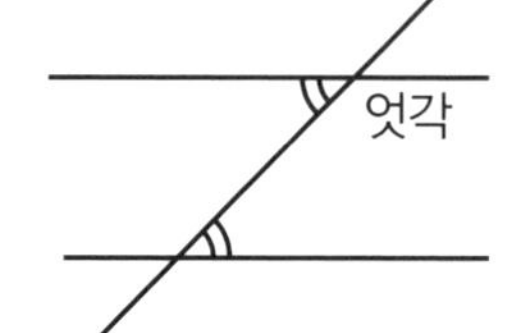

세 번째 시간에서는 내심이 무엇인지, 내심을 어떻게 찾는지, 그리고 삼각형에서는 항상 내심이 존재한다는 것을 어떻게 알 수 있는지에 대해 배웠습니다. 이번 시간에는 다시 씨름장으로 가서 외심을 찾는 모래 실험을 했던 것처럼 내심도 눈으로 직접 보는 경험을 해 보려고 합니다.

이번 실험은 지난번보다 준비물이 더 간단합니다. 삼각형 모양의 두꺼운 종이만 있으면 되거든요. 구멍을 뚫을 필요도 없습니다. 단, 삼각형 판이 바닥에서 조금 떨어져 있어야 하므로 받칠 만한 평편한 보조 도구가 있으면 좋겠군요. 준비가 되면 이제 그 위로 모래를 충분히 붓습니다.

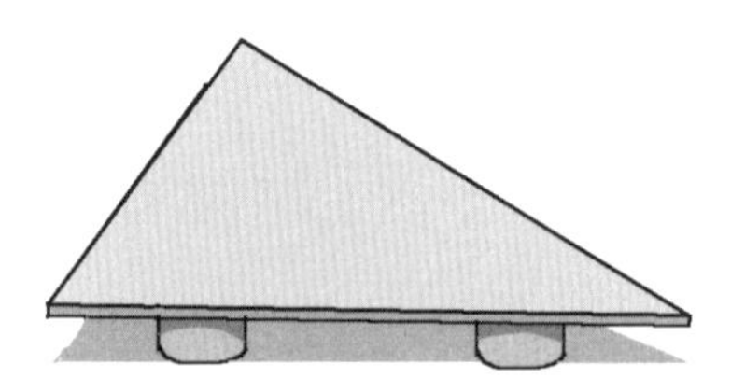

모래가 쌓이는 모양을 볼까요? 모래가 삼각형의 각 변에서 가장 먼 지점에 가장 높이 쌓이게 되지요?

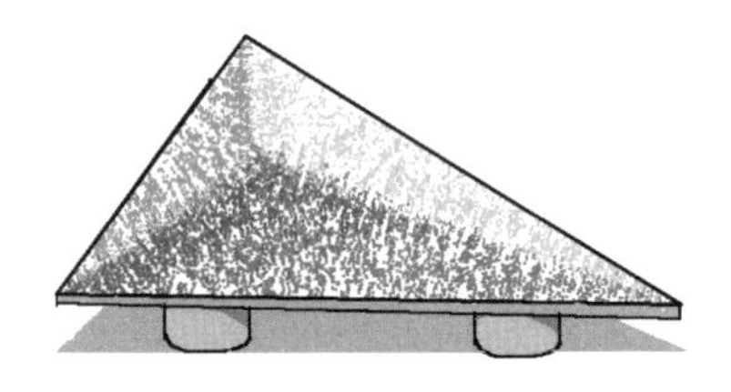

바로 이렇게 만들어진 능선이 삼각형의 각을 이등분하고 있습니다. 그리고 이 세 개의 이등분선은 딱 한 곳에서 만나게 되는군요. 이것이 바로 우리가 찾고 있는 내심입니다.

아이들은 모래가 만들어 내는 외심과 내심에 감탄의 눈길을 보내면서 또다시 모래 놀이에 흠뻑 빠졌습니다.

여러분, 그럼 이번에는 내심이 만들어 내는 성질에 대해 좀 더 알아보기로 할까요?

이미 알고 있는 성질부터 정리해 보기로 합시다.

초밥 로봇을 모두 기억하고 있으니 첫 번째 성질은 다 같이~.

중요 포인트

내심에서 삼각형의 세 변에 이르는 거리는 같다.

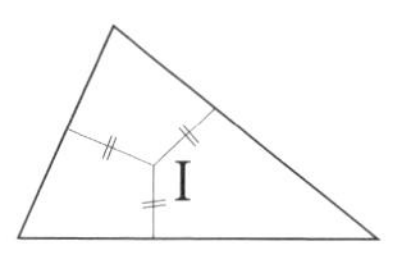

더불어 내심을 찾는 방법까지 정리해 보면?

중요 포인트

삼각형 세 내각의 이등분선이 만나는 점이 바로 내심이다.

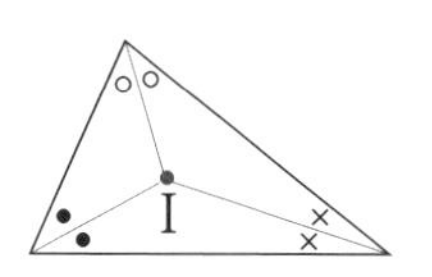

그럼, 이번에는 각과 관련된 성질들을 한 번 파고 들어가 볼까요?

내심 그림 다시 한 번 출연!

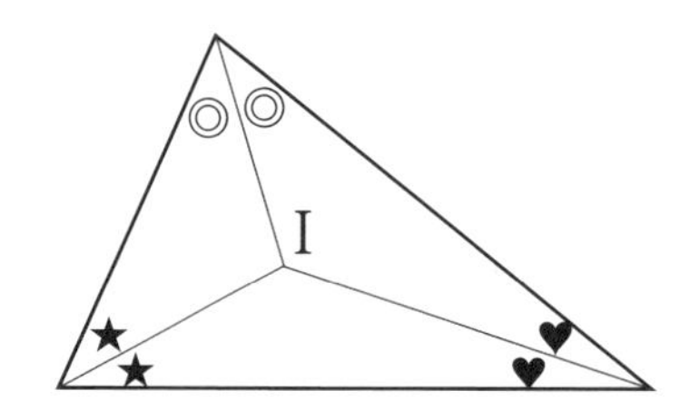

먼저 우리가 사랑하는 성질, '삼각형 세 내각의 합은 180° 이다' 라는 유명한 사실을 이용해 봅시다.

$$2◎+2★+2♥=180°$$

따라서 각을 하나씩만 대표로 불러들여 보면 ◎+★+♥=90° 가 됩니다.

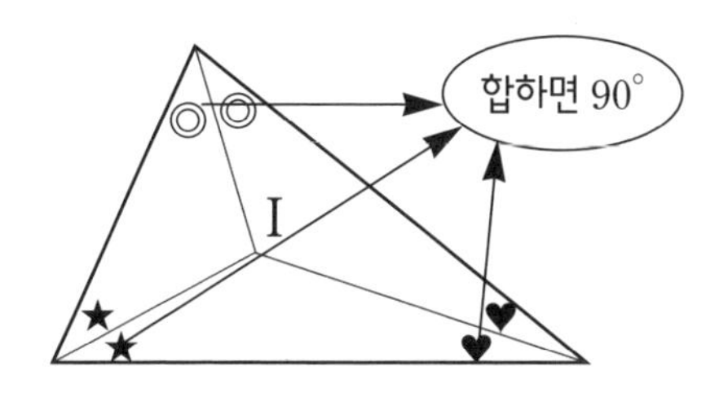

이번에는 출동맨 '보조선' 등장! 각의 이등분선 하나를 연장해서 대변까지 직선으로 그립니다.

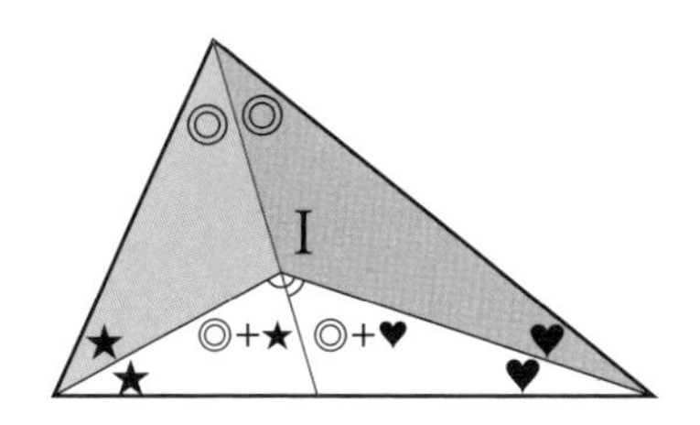

이렇게 그려 보면 연장선 덕분에 분홍색 삼각형과 회색 삼각형의 외각을 각각 하나씩 발견하게 됩니다. 외각은 모두가 알고 있듯이 이웃하지 않는 두 내각의 합과 같으므로 다음과 같이 나타낼 수 있습니다.

(분홍색 삼각형의 한 외각)=◎+★

(회색 삼각형의 한 외각)=◎+♥

자, 이제 이 둘을 합하면 어떻게 될까요?

(두 외각의 합)=(◎+★)+(◎+♥)

=◎+(★+◎+♥)

=◎+90°

자, 이제 우리가 구한 (두 외각의 합)과 원래 삼각형의 한 내각인 ◎+◎를 비교해 봅시다.

결국 삼각형의 한 내각과, 내심이 다른 두 꼭짓점으로 연결된 각 사이에는 다음과 같은 관계가 있다는 것을 알게 됩니다.

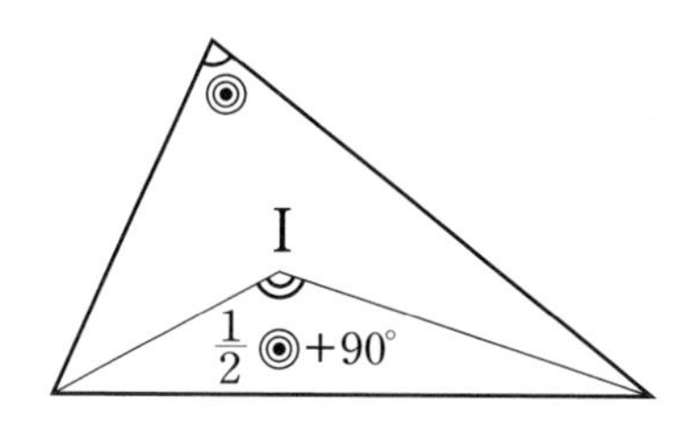

이러한 내용은 여러분 스스로 다른 사람에게 설명할 수 있어야 의미가 있어요.

이러한 각의 관계들을 달달 외우기보다는 왜 그런지 스스로 그 이유를 밝힐 수 있도록 느끼는 것이 중요합니다.

아이들은 결과가 그리 단순한 것이 아니라 조금 머리가 아팠지만 외우지 않아도 된다는 말에 일단 안심을 했습니다. 하지만 왜 이런 관계가 이루어지는지 스스로 말할 수 있을까 내심 걱정이 되기도 했습니다.

각에 대해 몇 가지를 살펴봤으니 변에 대한 재미난 성질도 살펴볼까요?

어떤 삼각형과 그 내심을 생각해 봅시다. 이제 내심을 지나가면서 한 변과 평행인 직선을 다음과 같이 그을 수 있을 거예요.

이렇게~.

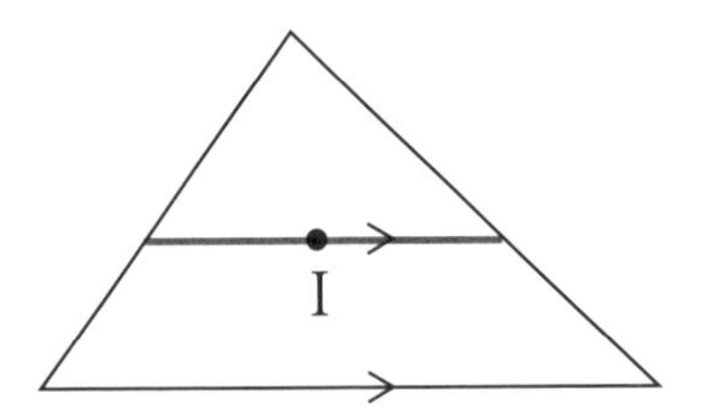

삼각형 안에 또 다른 삼각형이 만들어진 셈이죠? 이때 만들어진 작은 삼각형 둘레의 길이는 큰 삼각형의 굵은 두 변 길이의 합과 같답니다. 왜 그럴까요?

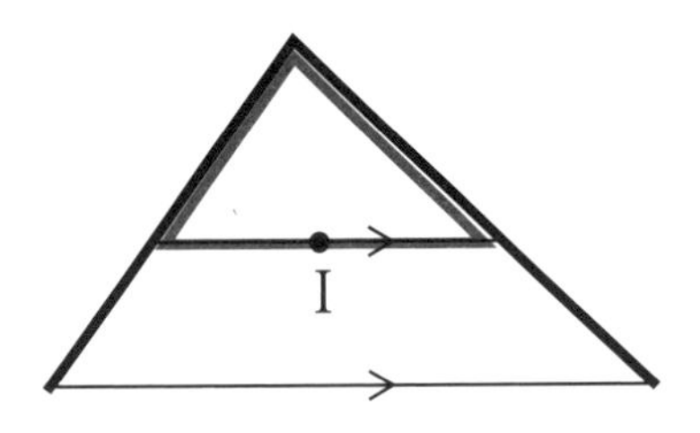

아이들은 알 듯 말 듯 헷갈렸지만 내심이 힌트라고 생각하고 거기에서 출발하기로 했습니다.

"그러니까 선생님! 내심은 결국 변까지 이르는 거리가 같다는 성질이나 각이 이등분된다는 성질에서부터 다른 것도 줄줄이 비엔나 소시지처럼 나오는 거 아니겠어요?

그럼, 우리 보조선을 또 한 번 출동시켜 보기로 해요. 가운데 선이 턱하고 가로질러 버티고 있으니 변에 수선을 내리기보다는 각의 이등분선을 긋는 게 나을 것 같아요."

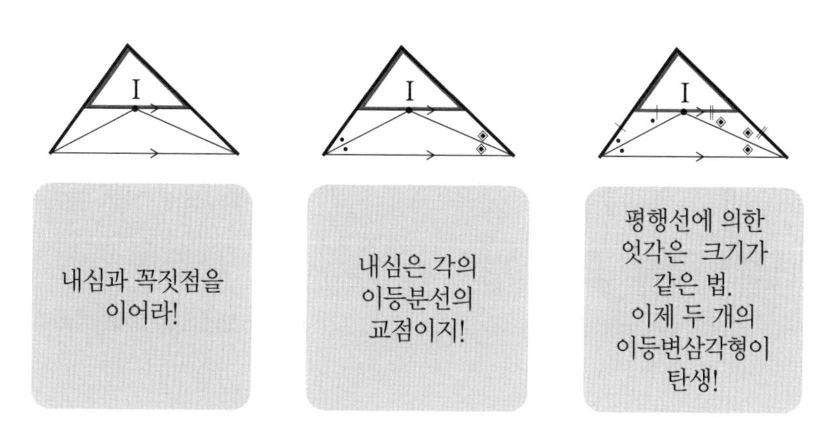

'청출어람' 이라는 말은 이럴 때 쓰는 것이군요. 정말 멋진 작업을 해냈어요. 두 내각의 크기가 같은 삼각형이 곧 이등변삼각형이니 결국은 그 이등변삼각형 두 변의 길이가 같다는 말이 되는 것이로군요. 그러니까 만약 작은 삼각형이 철사로 되어 있다고 생각하면, 구부러져 있던 철사를 곧게 펴 보면 굵은 변의 길이와 딱 맞아떨어지게 되는 것이죠.

어때요, 여러분! 내심과 관련된 변의 성질도 꽤 흥미롭지 않나요?

"선생님, 내심과 관련된 변의 성질을 좀 더 알려 주세요, 네?"

이 정도로도 충분하다고 생각했는데 여러분의 뜨거운 열정은 나도 못 당하겠네요. 좋아요. 여러분이 이미 알고 있는 것 중에서 조금 더 알아보기로 합시다.

여기 이 그림을 다시 한 번 보세요.

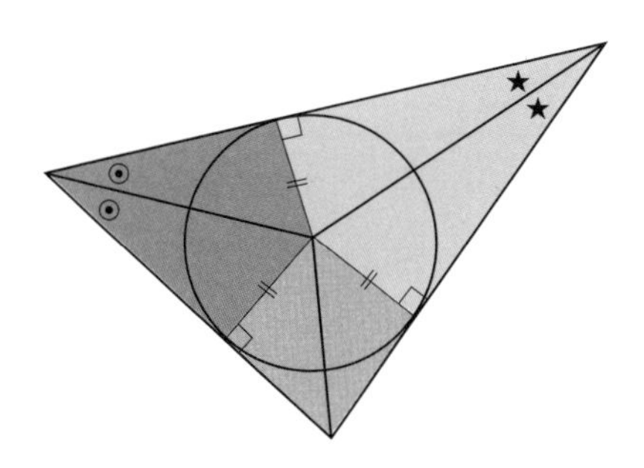

이것은 우리가 지난 시간에 내심으로 인해 만들어진 세 쌍의 삼각형이 합동이 된다는 것을 공부할 때 사용했던 그림이에요. 자, 이 그림에서 합동인 세 쌍의 삼각형을 다시 한 번 눈여겨 본 후에 삼각형의 한 변과 내접원만 남기고 모두 지워 보기로 하죠.

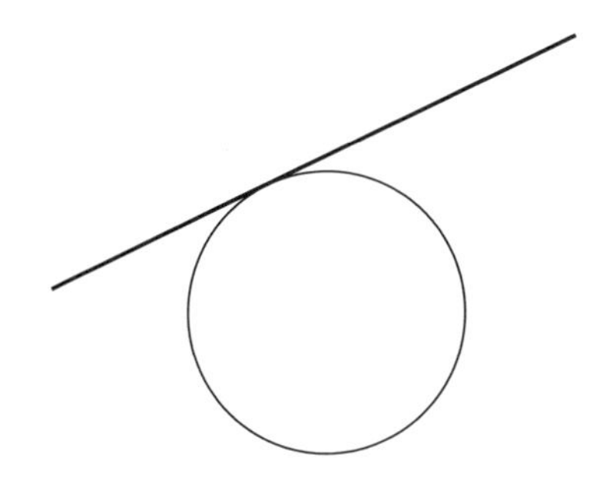

이제 우리는 한 점에서 만나는 선분과 원을 보고 있습니다. 이렇게 다른 무엇과 접촉하는 직선을 접선이라고 한답니다. 지금과 같이 삼각형의 한 변인 경우는 선분이므로 접선의 일부분이라고 볼 수도 있겠네요. 이러한 접선은 접촉하고 있는 다른 무엇, 여기서는 원이 될 텐데요, 바로 그것과 접촉해서 만나는 점을 가지게 됩니다. 그 점을 바로 접점이라고 부른답니다. 그렇게 어렵지 않지요? 접선과 접점!

그런데 만약 원 밖의 한 점 땡글이가 있어서 그 점에서 이 원에 대해 접선을 긋는다면 몇 개의 접선을 그을 수 있을까요?

"두 개요."

그래요. 두 개의 방향으로 직선을 그을 수 있으니 다음처럼 두 개의 접선과 두 개의 접점을 만들게 될 거예요.

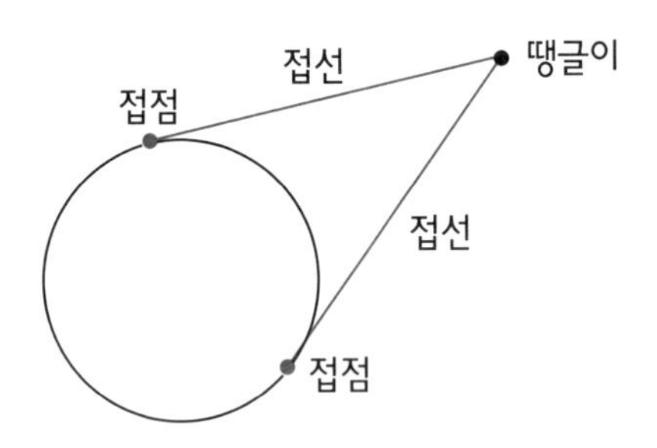

이제 질문을 하나 하죠. 지금 땡글이에서부터 두 접점에 이르는 거리 중 누가 더 길까요?

힌트를 하나 줄까요? 우리가 지웠던 삼각형 그림을 다시 겹쳐서 생각해 보세요.

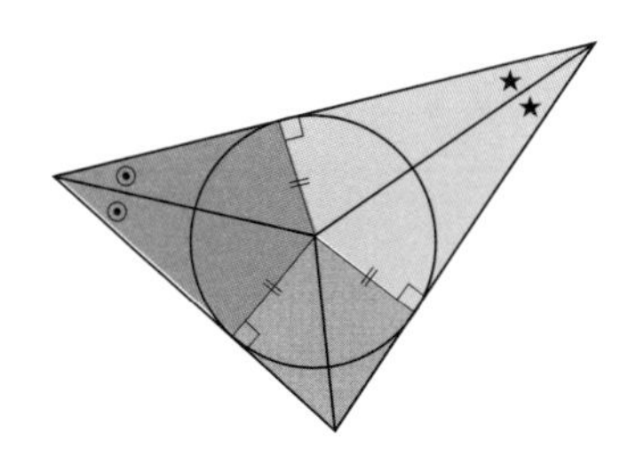

모두들 얼굴에 슬며시 미소가 떠오르는 것을 보니 답을 알아낸 것 같군요. 그래요. 두 접선이 우리가 증명했던 합동인 삼각형의 한 변이라는 것을 떠올릴 수 있다면 두 거리가 같다는 것을 금방 알 수 있을 겁니다. 그리고 이러한 '같은 거리'에 대해서는 앞으로 응용할 일이 많기 때문에 이름까지 붙여 놓았습니다. 땡글이에서부터 접점까지의 거리를 접선의 길이라고 부릅니다.

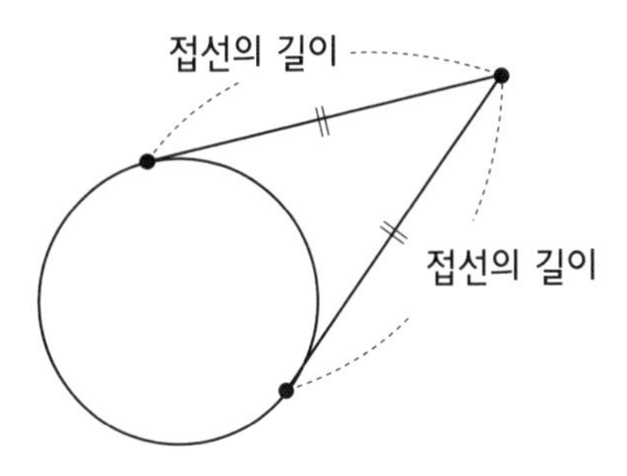

"선생님, 내심과 관련된 변의 성질을 더 알려달라고 말씀드렸는데 지금 이 얘기가 내심과 무슨 관련이 있는 건가요?"

그럴 줄 알았다는 듯한 웃음을 지은 오일러는 지금까지 지웠던 삼각형을 다시 살려 보라고 했습니다.

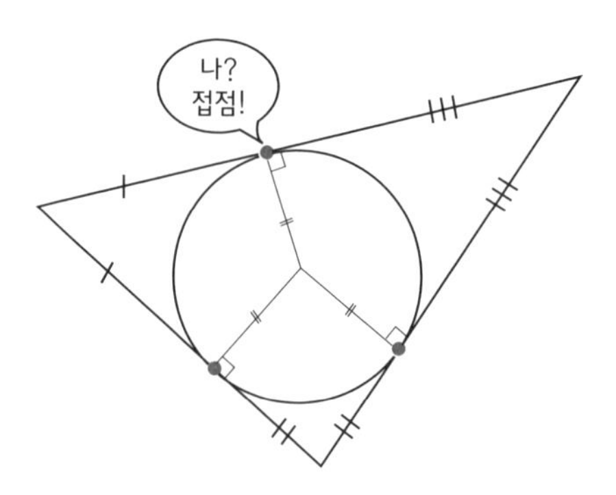

이제 여러분의 눈에 세 개의 접점이 보이나요? 이 삼각형의 각 꼭짓점에서 이 접점까지의 거리는 각각 같게 됩니다.

각과 변에 대한 이야기를 들려주었으니 마지막으로 넓이와 관련된 것을 소개하기로 하죠.

여러분, 이 삼각형의 넓이를 구할 수 있을까요?

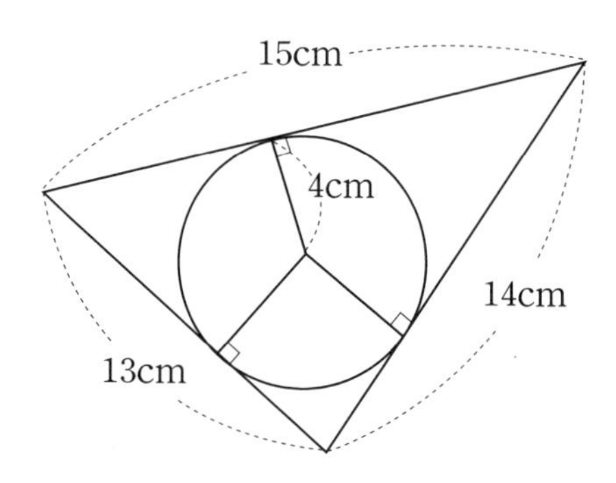

“흠……. 그건 불가능할 것 같아요, 오일러 선생님! 높이를 알아야 넓이를 구할 수 있는데 여긴 밑변이 될 수 있는 세 변의 길이는 모두 알아도 어떤 방향으로도 높이를 구할 수가 없잖아요.”

맞아요. 넓이를 구할 수가 없겠지요? 지금까지는 삼각형의 넓이를 구하기 위해 밑변의 길이와 높이라는 두 개의 길이를 이용했으니까요. 하지만 이제 여러분은 내심의 성질 덕분에 이 두 길이가 아닌 다른 길이들을 가지고도 넓이를 구할 수 있게 되었답니다. 바로 세 변의 길이와 내접원의 반지름이죠.

어떻게 구하는지, 왜 그런 방법이 있을 수 있는지 궁금하지요? 지금부터 하나씩 그 비밀을 벗겨 보기로 합시다. 우선 이 삼각형의 넓이를 구하기 위해 삼각형을 조각 낼 거예요. 높이를 몰라서 화난다고 아무렇게나 자르진 마세요. 분홍색 선을 따라서 예쁘게 잘라 주세요.

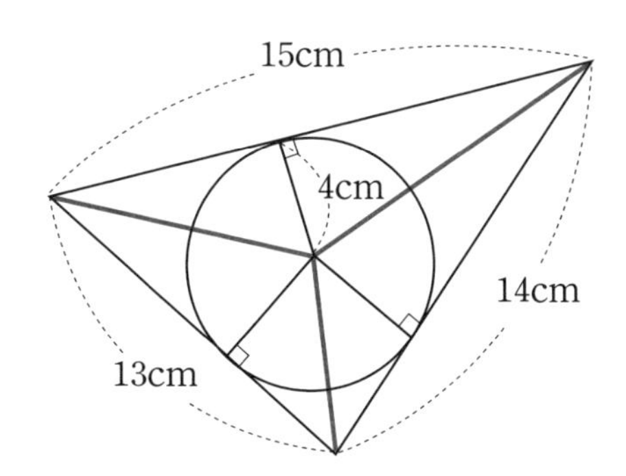

이렇게 조각을 내고 보니 어디서 많이 본 느낌이 나네요. 나만 그런 느낌이 드는 건 아니겠지요?

이제 삼각형의 넓이를 이 조각난 세 개의 삼각형 넓이의 합으로 구해 보는 겁니다. 그럼, 자연스럽게 내접원의 반지름이 이 세 개의 조각난 삼각형의 높이가 되지요. 원래부터 큰 삼각형 세 변의 길이는 알고 있었으니 이제 넓이에 관한 식을 써 볼 수 있겠네요.

(원래 삼각형의 넓이)

=(밑변이 13cm인 삼각형의 넓이)+(밑변이 14cm인 삼각형의 넓이)+(밑변이 15cm인 삼각형의 넓이)

$=(\frac{1}{2}\times13\times4)+(\frac{1}{2}\times14\times4)+(\frac{1}{2}\times15\times4)$

$=\frac{1}{2}\times4\times(13+14+15)$

$=\frac{1}{2}\times$(내접원의 반지름)$\times$(세 변 길이의 합)

그러니까 내가 낸 문제의 삼각형 넓이는 다음과 같이 되는 것이지요.

$$\frac{1}{2}\times(\text{내접원의 반지름})\times(\text{세 변 길이의 합})$$
$$=\frac{1}{2}\times4\times(13+14+15)=84$$

내심도 외심 못지않게 다양한 성질을 갖고 있다는 것을 알아냈습니다. 어? 그런데 우리가 외심과 내심에 대해 공부하는 동안 놀이동산 퍼레이드가 시작된 것 같군요. 여러분, 우리 다음 공부를 위해 퍼레이드를 보면서 다음 장소로 이동해 볼까요?

• 내심은 여러 가지 성질을 가지고 있습니다.

❶ 내심에서 삼각형의 세 변에 이르는 거리는 같습니다.

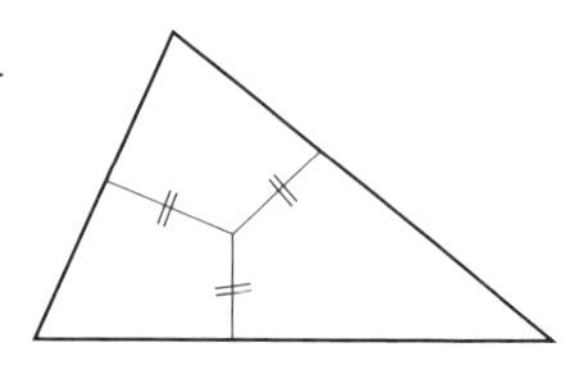

❷ ◎+★+♥=90°가 됩니다.

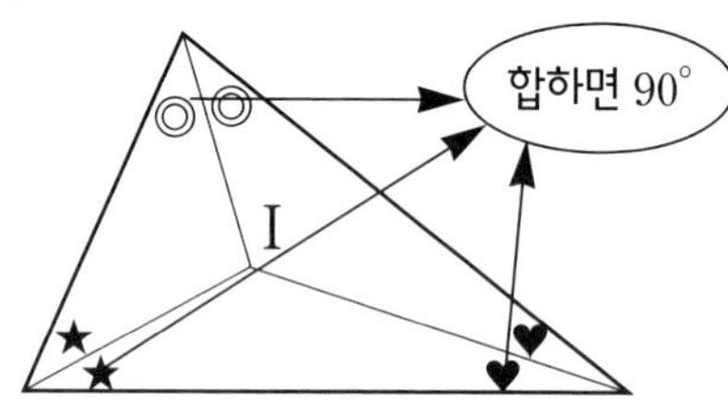

❸

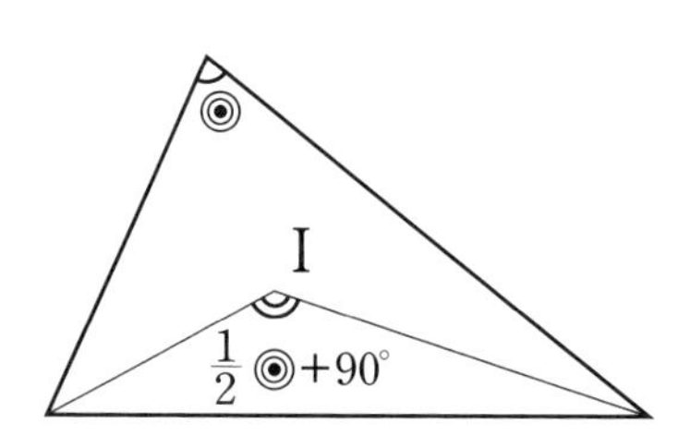

❹ 내심을 지나가면서 한 변에 대한 평행선이 포함된 작은 삼각형 둘레의 길이는 원래 삼각형의 굵은 두 변 길이의 합과 같습니다.

❺

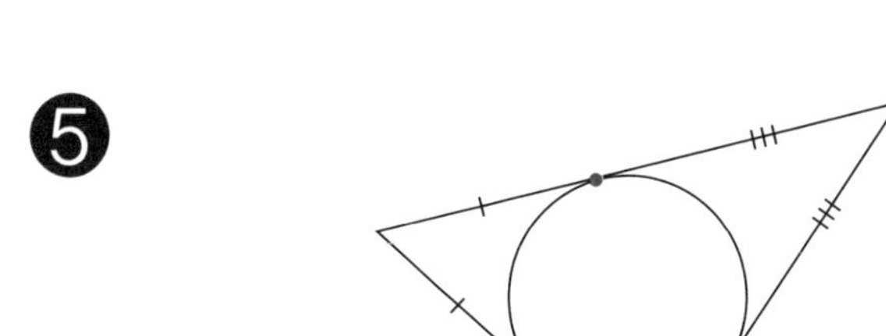

❻ 삼각형의 넓이는 $\frac{1}{2}r(a+b+c)$ 입니다.

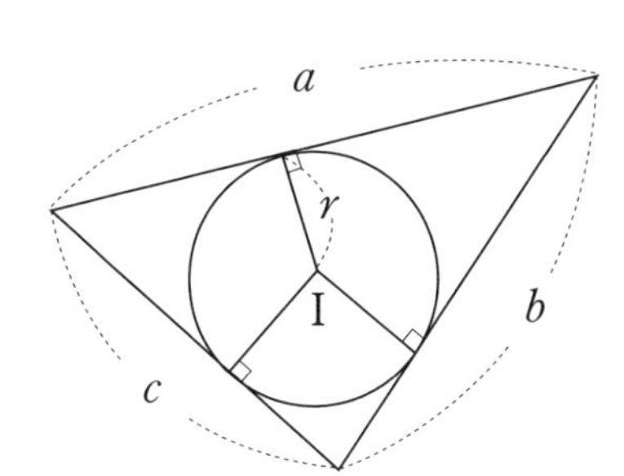

흔들흔들 중심 잡는 피에로

무게중심의 의미를 알아보고, 삼각형의 무게중심을 찾는 가장 편리한 방법을 알아봅니다.

1. 도형의 무게중심이 가지는 의미를 알아봅니다.
2. 삼각형의 무게중심을 찾는 가장 편리한 방법을 알아봅니다.

미리 알면 좋아요

1. **지렛대의 원리** 어떤 점을 막대기로 받쳐서 그 받침점을 중심으로 회전할 수 있게 한 것을 지렛대라고 합니다. 대저울, 가위, 손톱 깎기 등은 이 원리를 통해 힘을 이용하는 기구입니다. 이 원리는 아르키메데스에 의하여 발견되었다고 하는데 그는 "내게 설 발판과 적당한 지렛대를 준다면 나는 지구를 움직여 보고 싶다"는 유명한 말을 남기기도 했답니다.

2. **연직선** 중력의 방향을 나타내는 직선을 연직선이라고 합니다. 실에 추를 달아 늘어뜨려 그 추와 실이 이루는 직선을 무한히 연장한 선으로 이 연직선을 찾을 수 있습니다. 한편 물체의 질량 중심에서 연직선을 그었을 때, 연직선이 물체의 내부 바닥 안에 있으면 균형을 이루게 됩니다. 그래서 이 책에서는 이 연직선을 균형선으로 표현했습니다.

네 번에 걸친 수업을 하는 동안 삼각형의 외심과 내심에 대한 정의 및 성질을 살펴보았지요? 이번 시간에 배울 내용은 지금부터 감상하게 될 퍼레이드에서 출발하게 될 것입니다.

"와아, 저 피에로 좀 봐. 줄 위에서 균형 잡기도 힘들 텐데 막대기까지 들고 있네."

"정말 힘들겠다~. 하지만 넘어지지 않고 균형 잡는 모습이 너무 대단해."

여러분이 걱정하는 것처럼 피에로에게 막대기는 거추장스러운 물건이 아니랍니다. 오히려 막대기 덕분에 균형을 잡는 데 도움을 받고 있는 셈이지요.

한국 전통 줄타기에서는 막대기 대신 손에 부채를 들고 올라서기도 하는데 다들 본 적이 있겠지요? 이것 역시 몸 전체에 균형을 잡기 위해서입니다. 빈손으로 그냥 줄을 타는 것보다는 손에 무언가를 들고 있는 것이 균형을 잡기가 더 쉽기 때문이라고 하네요.

만약 오른손에 부채를 들었는데 몸이 오른쪽으로 기울게 되면 부채를 몸 쪽으로 가지고 오고 몸이 왼쪽으로 기울게 되면 부채를 바깥쪽으로 뻗어서 중심을 잡게 되는 거랍니다. 이 원리는 여러분이 어릴 때 놀이터에서 즐겨 탔던 시소 타기에서 경험해 본 것이기도 하지요.

만약 몸무게가 똑같은 경우, 시소를 탄다면 같은 거리에 있는 시소의 의자에 앉을 때 시소가 균형을 이룹니다.

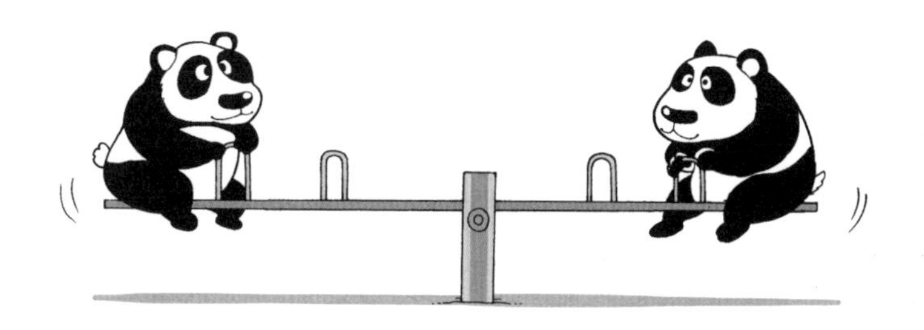

하지만 몸무게의 차이가 있는 경우엔 어떻게 될까요?

당연히 같은 거리에 있는 의자에 앉으면 무거운 쪽으로 기울게 되지요.

이때 균형을 맞추려면 어떻게 하면 될까요? 부채를 가지고 조절한 것처럼 무거운 사람이 좀 더 앞으로 와서 앉아야 합니다. 다시 말해 균형을 이루는 점의 위치가 무거운 쪽과 더 가까워져야 한다는 뜻이 됩니다.

이러한 원리를 아르키메데스가 말한 지렛대의 원리라고 하지요.

피에로에게 줄에서 내려와 작은 막대기를 이용해 긴 막대기의 균형을 잡아달라고 부탁해 봅시다. 이건 별로 어렵지 않게 해낼 수 있을 것 같지 않나요? 작은 막대기로 긴 막대기의 정 가운데를 받치면 될 테니까요.

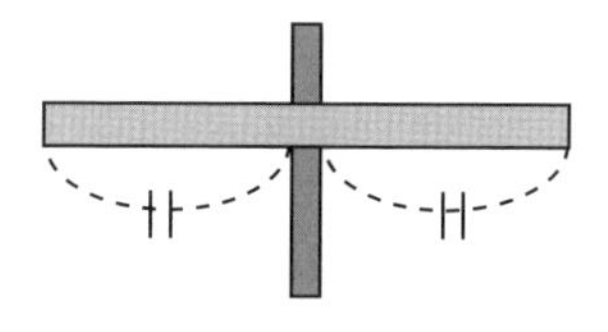

그렇지만 우리의 피에로에게 곧은 막대기가 아니라 삼각형 모양으로 생긴 판자의 균형을 잡으라고 한다면 작은 막대기로 어디를 받치면 될까요? 역시 양쪽으로 거리가 같은 정 가운데에 작은 막대기를 놓으면 삼각형 판자가 균형을 이룰 수 있을까요?

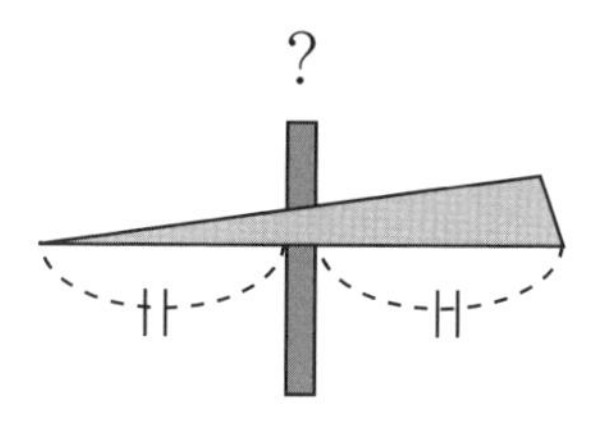

여러분이 직접 해 보아도 좋지만 상상만으로도 오른쪽으로 기울 것이라고 충분히 생각할 수 있을 겁니다. 그렇다면 균형을 이루도록 하기 위해서는 작은 막대기를 어디로 옮겨야 할까요? 당연히 균형선이 되는 작은 막대기를 오른쪽으로 이동시켜야겠지요?

과연 오른쪽으로 이동한다는 막연한 생각만으로 균형선을 정확히 찾을 수 있을까요? 균형선을 정확하게 찾기 위해서는 여러 번의 시행착오를 겪어야 할 것입니다.

그래서 여러분을 위해 꼼꼼한 내가 균형선을 찾을 수 있는 좀 더 분명한 실험을 준비했답니다.

여러분에게 삼각형 판지와 실, 핀, 클립 그리고 자와 연필을 줄게요. 그리고 빼 놓을 수 없는 실험 레시피~.

균형선 찾기 실험 레시피

준비물 : 삼각형 판지, 실, 핀, 클립, 자, 연필

① 삼각형 판지에 클립을 매달은 실을 핀으로 꽂는다.

② 핀만 잡은 채 삼각형 판지를 이러 저리 흔든다.

③ 클립이 멈추면 실을 따라 선을 그린다. 바로 이것이 균형선!

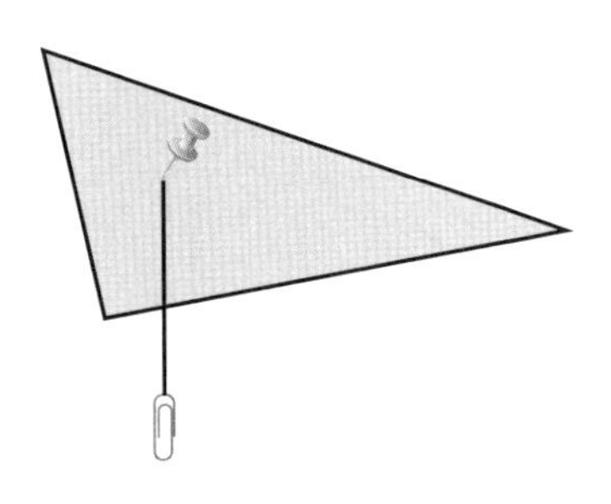

건축가들에게도 균형선을 찾을 일이 종종 있는데 이 방법을 종종 사용한다고 합니다.

그럼, 여러분도 각자 삼각형에서 이 균형선을 한 번 찾아보겠어요?

아이들은 삼각형을 이리 저리 흔들어 보며 열심히 균형선을 찾았습니다. 그런데 한 아이가 다른 친구들이 찾은 균형선을 보더니 손을 들고 물었습니다.

"선생님, 저희에게 모두 똑같은 모양과 크기의 삼각형을 주셨는데 각자 핀을 어디에 꽂느냐에 따라 균형선이 다르게 그려져요. 저희가 잘 하고 있는 건가요?

만약 그렇다면 한 삼각형에도 균형선이 아주 많을 수 있다는 이야기인데요?"

벌써 그런 생각까지 해내다니 마구마구 칭찬을 해 주고 싶네요. 맞아요. 당연히 여러 개의 균형선이 생긴답니다.

아주 쉬운 예로 정사각형을 생각해 보세요. 얼른 생각해도 그릴 수 있는 균형선을 네 개 정도는 찾을 수 있지 않나요?

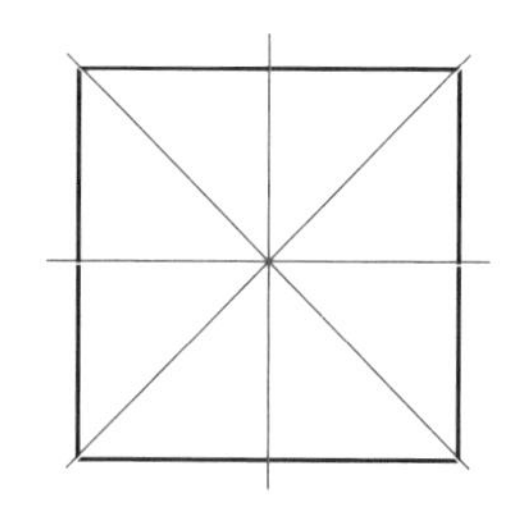

삼각형을 비롯한 도형의 균형선은 아주 많을 수 있어요. 여러분도 핀을 옮겨 가면서 삼각형의 균형선을 더 많이 찾아보세요. 아주 재미있는 일이 여러분을 기다리고 있을 겁니다.

그러자 아이들 사이에서 웅성웅성 하는 소리가 나더니 이내 신기한 것을 발견한 듯 모두 소리를 쳤습니다.

"선생님, 전부 한 점에서 만나요~."

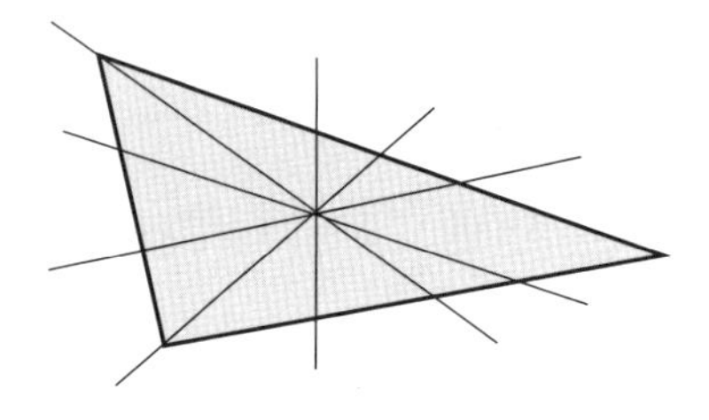

그래요. 이렇게 찾은 선 아래를 막대기로 받치면 삼각형 판자

가 좌우로 치우지지 않고 균형을 이룬다는 것을 알 수 있을 것입니다.

만약 막대기가 아니라 손가락 끝만으로 좌우뿐 아니라 모든 방향으로의 균형을 맞추고자 한다면 어디쯤에 손가락을 대야 할까요? 수많은 균형선들이 만나는 교점이 되겠지요. 이것을 바로 무게중심이라고 부릅니다.

조금 전의 실험에서 클립을 단 실이 중력에 의해 늘어지는 것

을 보았지요? 그래서 무게중심을 영어로는 'center of gravity'라고 한답니다. 'gravity'가 '무게'이자 '중력'이라는 뜻을 가지고 있거든요.

"선생님! 외심과 내심에 비해서 삼각형의 무게중심을 찾는 것은 다소 번거롭다는 생각이 들어요. 외심은 변의 수직이등분선 두 개만 그리면 되고, 내심은 각의 이등분선 두 개만 그려도 되었는데 무게중심을 찾으려면 핀을 꽂고 흔들흔들 해 본 후 균형선을 찾아야 하는 거잖아요. 물론 모두 만나니까 두 개만 찾으면 되긴 하지만 만날 이렇게 흔들어서 찾는 것은 번거롭고, 실을 따라 그리니 조금 비껴 그려지기도 해서 정확하지 않아요."

아주 적절한 지적이에요. 그래서 균형선 중에서 제일 특별한 녀석을 소개할까 해요. 그 전에 여길 다시 한 번 볼래요?

이 긴 막대기는 우리가 피에로에게 맨 처음 균형을 잡아달라고 부탁했던 것입니다.

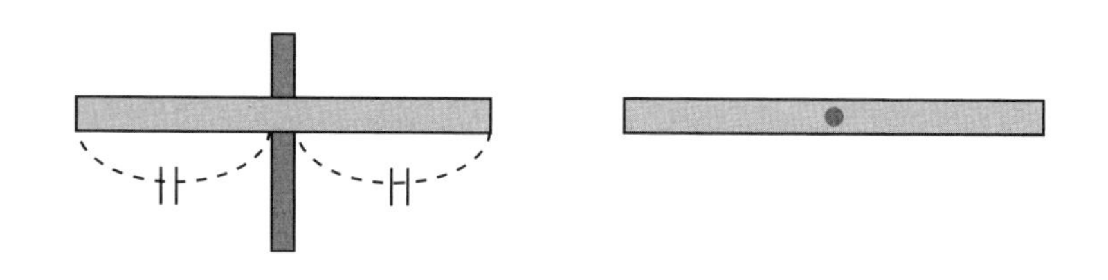

당연히 정 가운데에 균형선과 균형점이 있겠지요? 문제는 우리의 관심이 이런 직사각형이 아니라 삼각형이라는 것입니다.

그렇다면 이건 어떨까요? 삼각형을 직사각형으로 잘게 나누어 생각하는 겁니다. 그러면 각 직사각형 막대기의 균형점을 찾을 수 있을 것이고 이 점이 모여서 만드는 선은 당연히 이 삼각형의 균형선이 되겠지요.

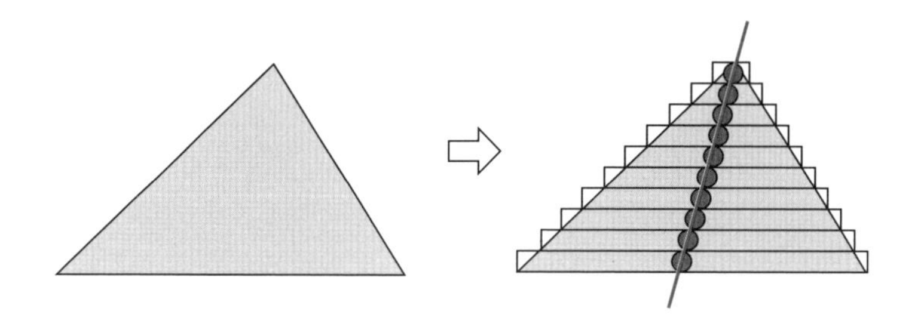

이 선을 가만히 보면 결국 한 꼭짓점과 마주보는 변의 이등분점을 연결한 선임을 알 수 있습니다. 변의 중점과 이은 선, 그래서 이 선을 바로 중선이라고 하지요.

수많은 균형선 중에서 실험을 하지 않고도 단연코 찾을 수 있는 무게중심 찾기 최고의 도우미가 바로 중선인 셈이죠. 이렇게 생각하고 보니 오히려 외심이나 내심을 찾는 것보다 더 쉬워진 것 같지 않나요?

삼각형에는 꼭짓점이 세 개이듯 이 중선도 세 개인데, 이 중선들은 모두 균형선이기 때문에 한 점에 만납니다.

퍼레이드와 함께 삼각형의 세 번째 마음인 무게중심이 무엇인지, 그리고 그 무게중심을 어떻게 찾는지에 대해 알아보았습니다. 무게중심이 균형을 이루는 점이라는 것을 잊지 않으면서 흔들흔들 중심 잡는 피에로와 퍼레이드를 감상해 보아요.

다섯번째
수업 정리

❶ 도형의 균형을 잡아주는 균형선의 교점이 무게중심입니다.

❷ 삼각형의 무게중심을 찾으려면 두 중선의 교점을 찾는 것이 가장 편한 방법입니다.

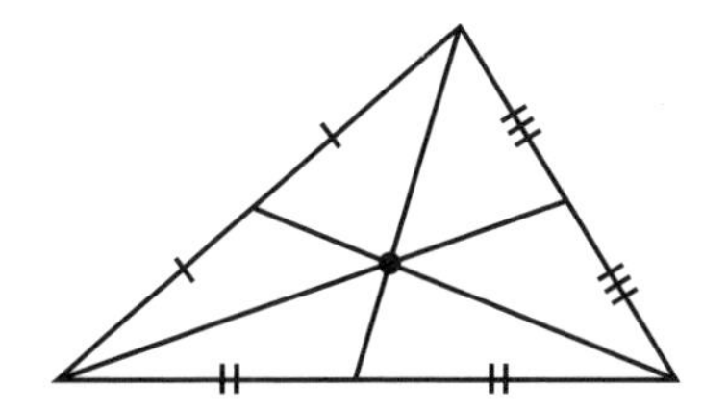

비행기와 피라미드

우리 주변에 숨겨져 있는 무게중심 이야기를 통해
무게중심이 갖는 성질을 알아봅니다.

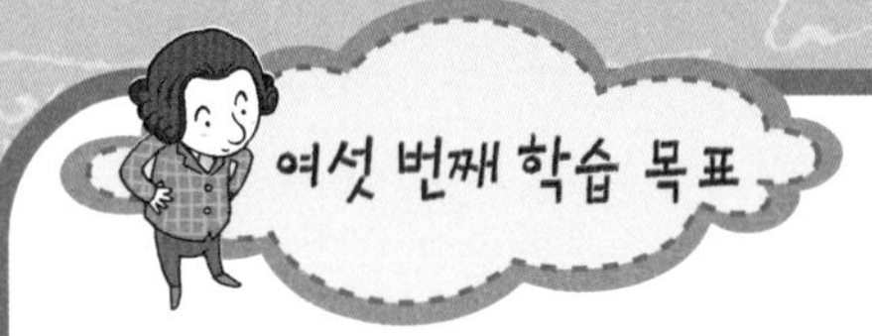

1. 무게중심의 성질을 알아봅니다.
2. 다각형의 무게중심을 구하는 방법을 알아봅니다.

미리 알면 좋아요

1. 중점연결정리 삼각형 두 변의 중점을 연결한 선분은 나머지 한 변과 평행하고, 그 길이는 나머지 한 변 길이의 절반입니다.

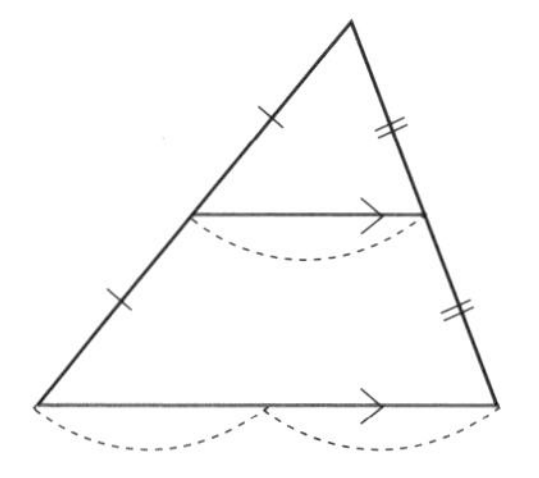

2. 삼각형의 닮음조건 두 삼각형이 닮음임을 밝힐 때는 다음의 조건 중에서 하나를 만족한다는 것을 보이면 충분합니다.

- 세 쌍의 대응변 길이의 비가 같다. SSS 닮음
- 두 쌍의 대응변 길이의 비가 같고, 그 끼인각의 크기가 같다. SAS 닮음
- 두 쌍의 대응각 크기가 각각 같다. AA 닮음

여러분, 삼각 랜드에는 아주 인기 있는 놀이기구가 있습니다. 바로 비행기이지요. 사실 이 비행기와 무게중심에는 각별한 사연이 있답니다.

놀이동산의 비행기에는 덜 적용되지만 하늘을 날아야 하는 진짜 비행기는 사람과 화물을 적절히 배치해서 기체의 균형을 유지하는 것이 매우 중요합니다. 균형이 무게중심과 관련된다는 것은 이미 지난 시간에 배웠죠? 비행기에서도 무게중심의 위치를 통해 이 균형을 점검합니다.

여러분이 '물리' 라는 과목을 공부하게 되면 더 자세히 배우겠지만 간단히 말하자면 비행기의 무게중심은 동체의 기준선으로부터 떨어진 거리와 각 위치에 작용하는 힘의 합을 통해 구하게 됩니다.

컴퓨터로 입력된 계산식에 의해 구해지는 이 무게중심은 비행하기 전, 비행기 손님의 좌석 배치와 화물 탑재가 모두 끝난 후에 이루어지게 되고, 이것이 적절한 위치에 오는 경우에만 비로소 운항 허가를 받을 수 있다고 합니다.

그렇다면 비행하는 동안 비행기가 떨어질까 걱정하면서 화장실도 못 가고 꼼짝없이 자리를 지켜야 하느냐! 물론 그렇지는 않아요. 큰 비행기일수록 몇 사람의 이동으로 크게 영향을 받지 않을 뿐만 아니라 요즈음은 비행기 연료를 이용해서 자동으로 무게중심을 조절해서 운항할 수 있는 장치가 마련되어 있다고 합니다.

그래도 작은 비행기일 경우는 탑승한 손님이 모두 해가 지는 장면을 보겠다고 한 쪽으로 쏠려서 앉게 된다면 비행기의 운항에 다소 지장을 줄 수 있겠지요. 해가 지는 장면을 보고 싶어도 생명의 안전을 위해 조금 참는 에티켓을 가져야겠죠?

아이들은 오일러가 들려주는 이야기가 재미있는지 하나 더 해 달라고 졸랐습니다.

이런, 무게중심에 대한 성질을 이야기한다는 것이 조금 다른 이야기로 흘러 버렸군요. 좋아요. 내친 김에 전설 같은 이야기를 하나 더 해 주죠.

세계의 7대 불가사의라 여겨지는 '피라미드'에 관한 것입니다. 옛 이집트인들은 바로 이 피라미드의 무게중심에 전 우주의

에너지가 모인다고 믿었답니다. 그래서 바로 이곳에 미라를 두었다고 하네요. 물론 오랜 세월이 지난 지금까지 미라가 썩지 않고 보존된 것은 뛰어난 방부 기술 때문이지만 어쩌면 이집트인의 이러한 믿음 역시 사실일지도 모른다는 생각이 듭니다. 녹슨 숟가락 같은 것을 이곳에 두면 녹이 사라진다나요? 나도 직접 실험을 해 본 것은 아니니 여러분이 이집트의 피라미드를 방문하게 되는 날 꼭 녹슨 숟가락을 가져가서 실험해 본 후 나에게도 알려주길 바랍니다.

자, 그럼 전설 같은 이야기는 우리 마음속에 잠시 묻어 두기로 하고 우리 눈으로 직접 확인할 수 있는 무게중심의 성질에 관해 알아보기로 할까요?

먼저 무게중심을 찾는 가장 간편한 방법을 말해 봅시다.

바로 중선의 교점으로 찾는 것이었습니다. 균형선이 모두 한 점에서 만난다는 것을 실험으로 확인했지만 수학적으로 점검해 보는 시간이 필요하겠지요?

자, 삼각형에는 꼭짓점이 세 개이니 이 균형선이 되는 중선도 세 개가 됩니다. 그렇다면 이 세 중선이 한 점에서 만난다는 말인데 이것을 우리가 증명하면 되겠지요? 지난번에 외심과 내심에서 했던 것처럼 가정과 결론을 세워 볼까요?

가정 : 삼각형 두 중선의 교점이 있다.

결론 : 나머지 한 중선도 그 교점을 지난다.

그런데 이렇게 가정과 결론을 세워 놓으면 지난번의 외심과 내심처럼 삼각형의 합동을 이용할 수가 없어서 증명이 매끄럽게 되질 않습니다. 중선으로 인해 나누어진 삼각형이 늘 합동이라고 할 수는 없거든요. 증명의 길은 여러 가지가 있을 수 있으니 다른 방법을 찾아볼 수밖에요. 이번 증명은 나중에 결과를 보면 쉽지만 처음에 이런 생각을 하는 것이 어려울 수도 있어요. 이렇게 생각해 볼 거예요.

증명의 계획 : 중선이 세 개이므로 일단 두 중선의 교점을 찾고 그 다음에 또 다른 짝인 두 중선의 교점을 찾아 이 둘이 결국 같은 점임을 밝힌다!

자, 그럼 먼저 두 개의 중선을 그려 봅시다.

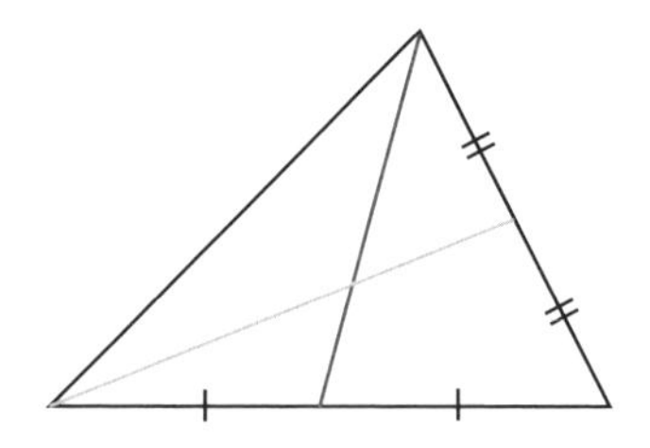

이제 이 교점의 특징을 하나 살펴본 후 잠시 후 찾게 될 점과 비교해 볼 것입니다. 흐음, 무슨 특징이 있을까나……. 살펴보니 중선은 바로 변들의 중점과 연결되어 있음을 볼 수 있군요.

여러분, 삼각형에서 두 변의 중점끼리 연결하면 어떤 일이 일어났는지 기억하나요? 바로 정확하게 2:1의 닮음비를 가지는 두 삼각형이 만들어지지요. 그리고 대응변 사이에는 다음과 같이 평행한 관계가 성립하고요! 이런 관계를 나타낸 것을 중점연결정리라고 합니다.

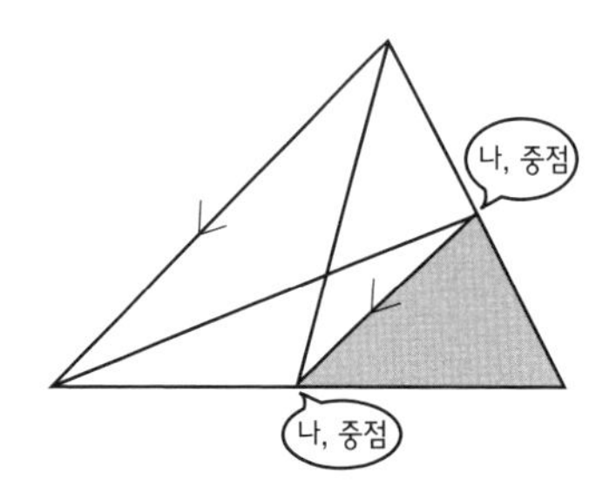

큰 삼각형과 회색 작은 삼각형은 닮은 삼각형!

그럼, 이번에는 우리가 관심 있는 쪽으로 눈을 돌려 볼까요?

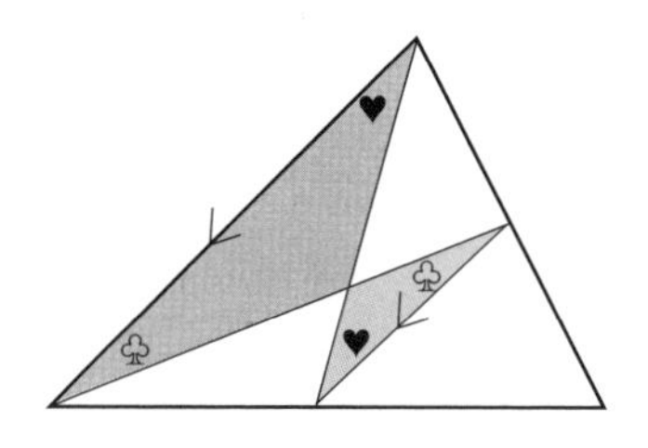

이 두 삼각형은 어떤 관계일까요? 그림에 표시된 대로 평행선에 의한 두 쌍의 엇각이 각각 같기 때문에 AA 닮음조건에 의해서 두 삼각형은 닮음의 관계에 있음을 알 수 있지요. 그렇다면 닮음비는 얼마일까요? 우린 벌써 이 답을 알고 있습니다. 아까 중점연결정리에 의해 두 삼각형의 평행한 두 변의 길이 비가 2:1이었던 것을 기억하니까요. 그러니까 우리가 최종적으로 관심 있는 교점의 위치가 바로 굵은 선의 2:1의 위치에 있다고 할 수 있네요.

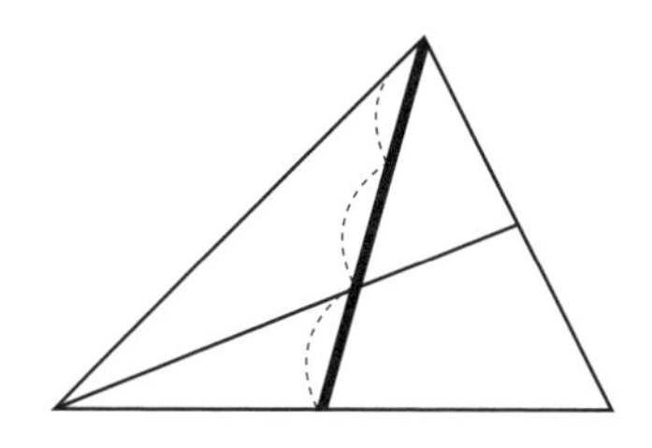

이번에는 다른 한 쌍의 중선을 생각해 봅시다.

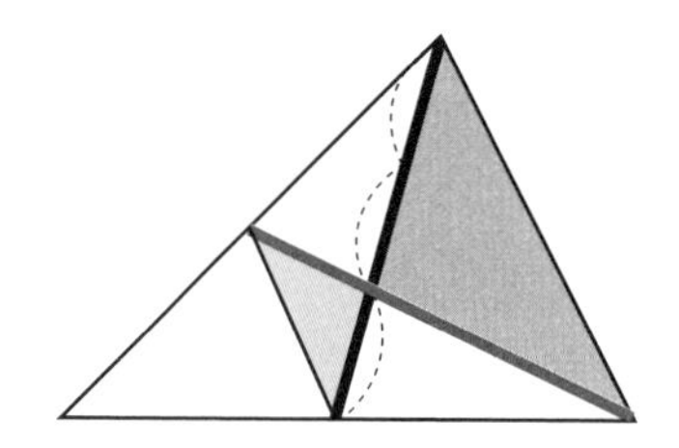

이번에도 그림과 같은 두 닮은 삼각형을 생각할 수 있고, 아까와 같은 방법에 의해 역시 이 두 중선의 교점도 굵은 선의 2:1 지점에 위치한다는 것을 알아낼 수 있습니다.

같은 선에 대해 2:1의 위치에 있는 점이라면 결국 같은 점이라고 할 수 있지 않을까요?

아이들은 마술을 보는 것처럼 어리둥절해 하며 오일러의 증명을 따라왔지만 결론에 이르러서는 고개를 끄덕이게 되었습니다.

사실 우리는 이 증명 덕분에 삼각형의 세 중선이 한 점에서 만난다는 것을 증명했을 뿐 아니라 중선이 가지는 아주 유명한 성질도 보너스로 얻게 되었습니다. 바로 삼각형의 무게중심은 삼각형 세 중선의 길이를 각 꼭짓점으로부터 각각 2:1로 나눈다는 것이지요. 이 성질은 피라미드의 확인되지 않은 오묘한 성질보다 앞으로 여러분을 더 많이 도와줄 것입니다.

덤으로 중선에 대한 성질을 하나 더 알아보기로 하지요. 그 전에 다음 그림을 같이 한 번 봅시다.

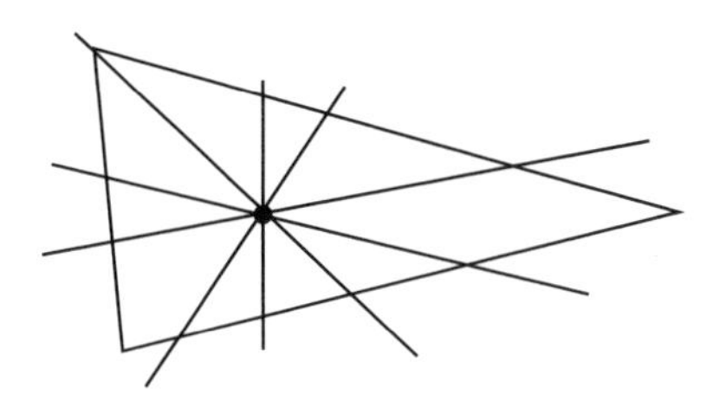

이 그림 기억하지요? 지난 시간에 삼각형의 균형선을 실험으로 얻어 낸 결과입니다. 이 중에서 한 변과 평행한 균형선만 남겨 다시 한 번 살펴보겠습니다.

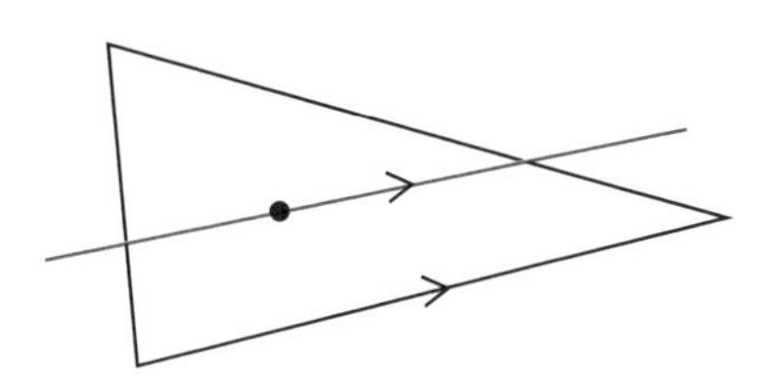

이 삼각형은 이 선을 기준으로 균형을 이룹니다. 그렇다면 양쪽으로 나누어진 두 도형의 넓이는 어떻게 될까요? 균형을 이루고 있으니 넓이도 같을까요?

"음……, 같을 것 같아요."

그렇다면 이 그림에서 두 친구의 몸무게도 같다고 생각하겠군요.

"그렇지는 않을 것 같은데……. 넓이는 다르지 않나요?"

사실 이 삼각형은 이 균형선에 의해 평형을 이루지만 넓이는

4:5로 나누어집니다. 다시 말하면 모든 균형선은 균형을 이루게 하지만 넓이를 반드시 이등분하지는 않습니다. 이 사실을 여러분이 알았으면 좋겠어요.

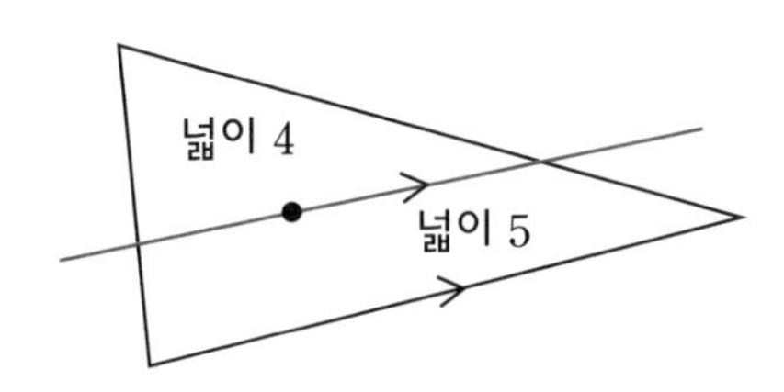

그래도 균형선 중에 특별한 균형선은 넓이를 정확하게 이등분합니다. 그것이 바로 '중선' 이지요.

그래서 중선에 의해 나누어지는 삼각형은 균형을 이룰 뿐 아니라 넓이도 정확히 이등분되는 행운을 얻게 되는 것이지요.

넓이가 이등분되는 이유는 여러분도 금방 확인할 수 있을 거예요.

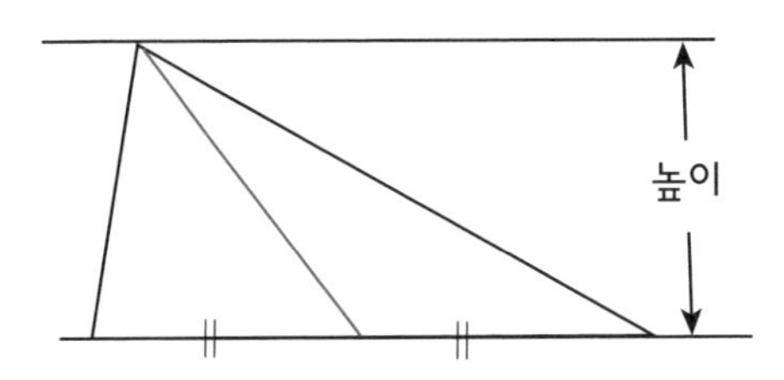

중선은 변의 중점과 연결되어 있기 때문에 나누어진 두 삼각형은 밑변의 길이가 같고 높이도 같아집니다. 따라서 당연히 넓이도 같게 되지요. 이왕 그린 김에 나머지 중선도 함께 그려 넣어 볼까요?

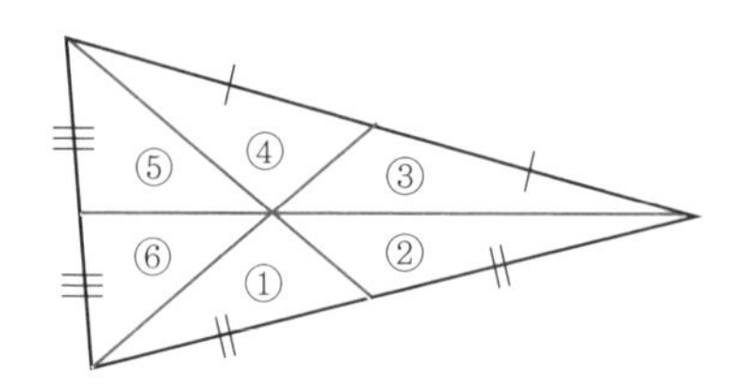

세 중선이 만나면서 삼각형이 여섯 조각으로 나누어졌네요. 조금 전에 우리가 한 이야기에 따르면 한 중선에 의해 넓이가 똑같이 나누어진다고 했으니 ①+⑥+⑤=②+③+④라고 할 수 있겠지요.

그런데 우리 ①, ②의 삼각형만 한 번 유심히 볼까요? 이 두 삼각형도 밑변과 높이가 같으니 서로 넓이가 같겠네요. 그렇다면 같은 것을 빼고 남은 것들끼리 같을 테니 ⑥+⑤=③+④가 되겠지요.

이번에는 고개를 오른쪽으로 홱 돌려서 위의 삼각형을 보면 ⑤, ⑥의 삼각형도 밑변과 높이가 같으므로 넓이가 같다는 것을 알 수 있습니다.

이번에는 고개를 왼쪽으로 홱 돌려서 삼각형을 볼까요? ③, ④의 삼각형도 넓이가 같음을 발견했나요?

그래서 결국 세 중선에 의해 나누어진 여섯 개의 삼각형이 비록 합동은 아닐 수 있으나 넓이만은 모두 같다는 것을 알 수 있습니다.

"오일러 선생님, 삼각형에 대한 무게중심은 중선으로 구하는 것이 가장 간편한 방법이라고 하셨잖아요? 그런데 삼각형이 아닌 사각형, 오각형 같은 다른 도형의 경우에는 어떻게 구해야 하나요? 그 땐 할 수 없이 균형선 실험을 해야 하는 것 아닌가요?"

역시 여러분은 늘 나를 놀라게 하는군요.

삼각형의 무게중심을 구하는 방법은 사실 우리가 했던 실험이나 중선을 이용하는 것 외에도 많은 방법이 있습니다.

지레의 법칙을 이용한 계산법, 적분을 이용한 계산법 등이 있지요.

하지만 여러분의 궁금증을 풀어 주기 위해서 오늘 배운 우리의 아이디어를 활용하는 간단한 방법을 소개하기로 할게요.

사각형부터 시작해 볼까요?

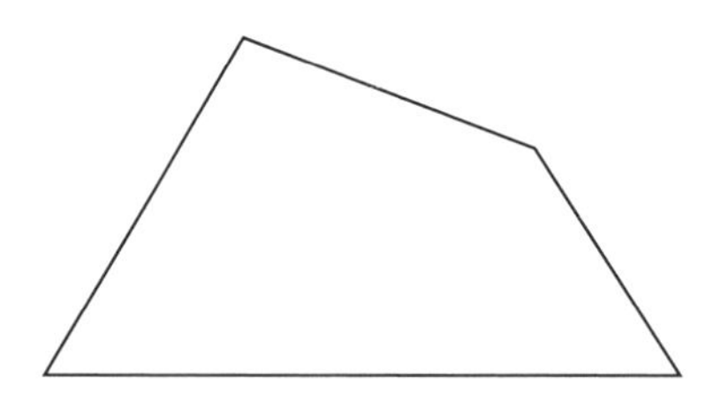

이 사각형의 두 꼭짓점을 이으면 두 개의 삼각형으로 나눌 수 있지요? 그럼, 나누어진 두 삼각형의 무게중심을 각각 구할 수 있을 것입니다.

다른 두 꼭짓점을 이어 만든 두 개의 삼각형에서도 마찬가지로 각각의 무게중심을 구합니다.

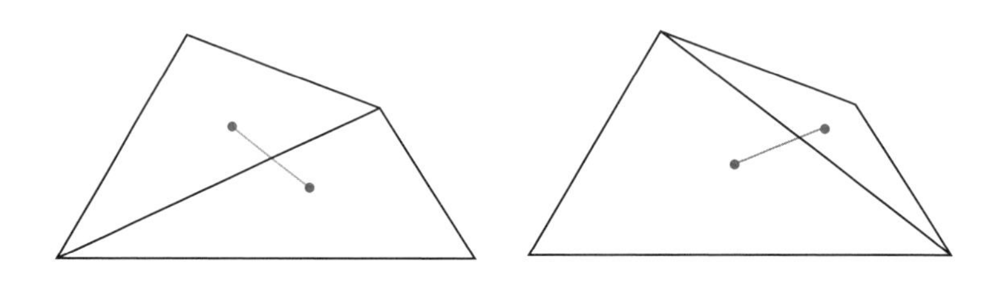

그럼, 두 개 점을 연결한 두 개의 선이 만나는 교점이 분명히 생기겠지요?

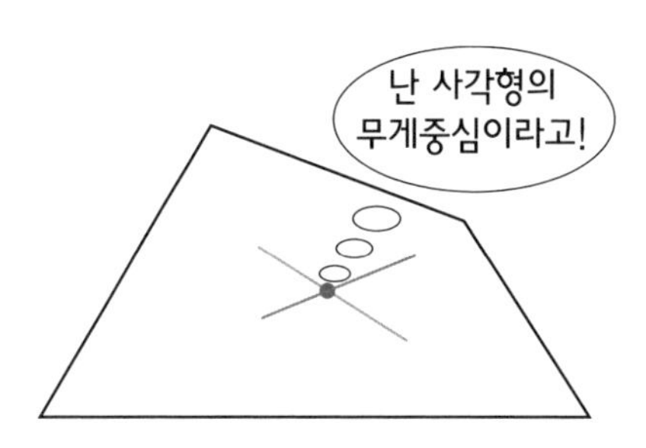

바로 이 교점이 이 사각형의 무게중심이랍니다. 이 방법을 쓰면 더 많은 변을 가지는 어떤 다각형이라도 문제없이 무게중심을 구할 수 있습니다.

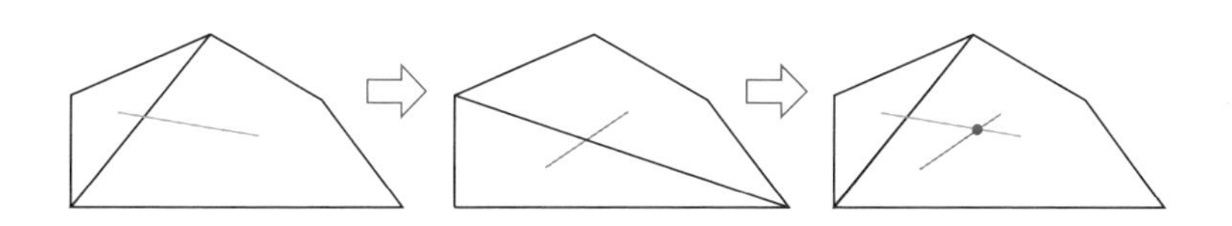

무게중심 이야기를 많이 했더니 배가 고파서 내 몸의 중심을 제대로 잡지 못하겠네요. 여러분도 그렇지 않나요? 놀이동산 간식 코너에서 뭘 좀 먹도록 하죠. 이번 시간에 배운 무게중심에 대한 성질들을 생각해 보면서 말이에요.

다음 시간에는 삼각형의 오심 중 나머지인 수심과 방심에 대해 공부해 보기로 해요.

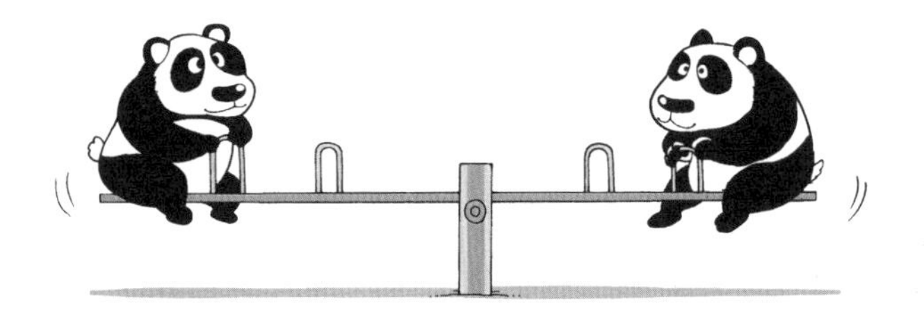

여섯번째 수업 정리

❶ 삼각형의 무게중심은 세 중선의 교점으로 찾는 것이 가장 편합니다.

❷ 삼각형의 무게중심은 세 중선의 길이를 각 꼭짓점으로부터 각각 2:1로 나눕니다.

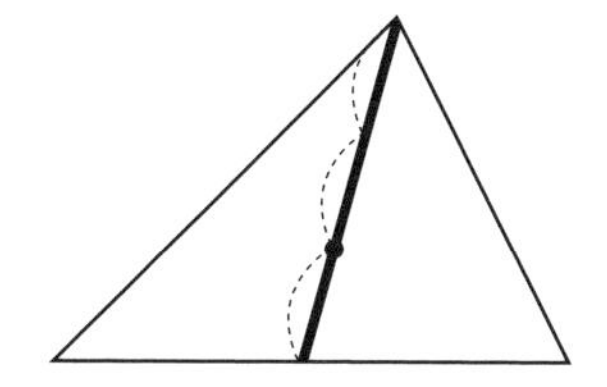

❸ 무게중심은 삼각형을 넓이가 같은 여섯 개의 삼각형으로 나눕니다.

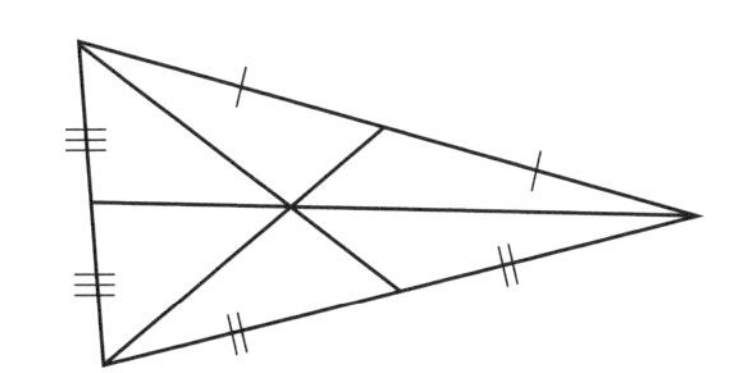

❹ 다각형의 무게중심은 다각형을 삼각형으로 나누어 찾을 수 있습니다.

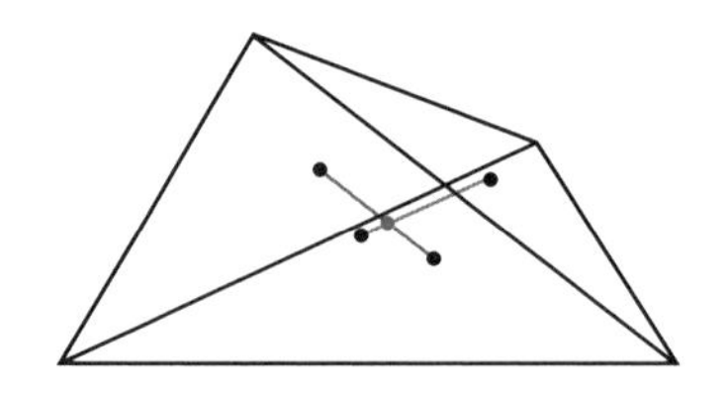

수심과 방심

삼각형의 수심과 방심 그리고 구점원에 대해 알아봅니다.

1. 삼각형의 수심의 정의와 찾는 법을 알아봅니다.
2. 삼각형의 방심의 정의와 찾는 법을 알아봅니다.
3. 구점원이 무엇인지 알아봅니다.

미리 알면 좋아요

1. 맞꼭지각 두 직선이 만날 때, 서로 이웃하지 않는 두 개의 각은 그 크기가 서로 같습니다.

여러분, 다들 맛있는 간식을 먹었나요? 아까 스낵 코너에서 보니 몇몇 친구들은 보드 게임장에서 상자를 높이 쌓는 게임을 즐기기도 하더군요. 수직으로 잘 쌓아 올려야 하는데 눈대중으로만 하기는 힘들죠.

수직을 잘 유지하는 일은 집을 짓는 목수에게도 무척 중요한 일이었습니다. 벽돌을 쌓아올릴 때 수직을 잘 맞추지 못하면 부실 공사를 하게 되어 지은 집이 금방 무너질지도 모르니까요.

다림줄

옛날 사람들도 집을 지을 때 수직을 유지하기 위해 고민을 많이 했는데 이때 사용한 것이 바로 '다림줄' 이라는 것입니다. 다림줄은 추를 매달아 늘어뜨려 수직이 되는지를 알아보는 도구이지요.

이번 시간에는 바로 이 다림줄을 삼각형에 내려 보려고 합니다. 물론 땅을 향해서가 아니라 꼭짓점에서 출발해서 마주보는 변을 향해 내릴 거예요. 이렇게 변에 대해 수직으로 내린 선을 수선이라고 합니다. 어째, 다림줄과 통하는 느낌이 들지 않나요? 실제로 수선의 영어 표현은 'perpendicular' 라고 하는데 '수직의' 라는 뜻을 가진 이 단어 역시 '다림줄' 이라는 라틴어에서 유래되었답니다.

그런데 꼭짓점에서 출발해서 어디까지 선을 내리면 될까요? 당연히 변과 만나는 점이 생길 때까지겠지요. 수선과 변이 만나는 점, 이것을 수선에 달린 발처럼 생겼다고 해서 수선의 발이라고 부른답니다. 물론 영어 표현도 'foot of perpendicular' 라고 하고요.

삼각형에는 꼭짓점이 세 개 있으니까 수선도 세 개입니다. 여러분도 한번 내려 보겠어요?

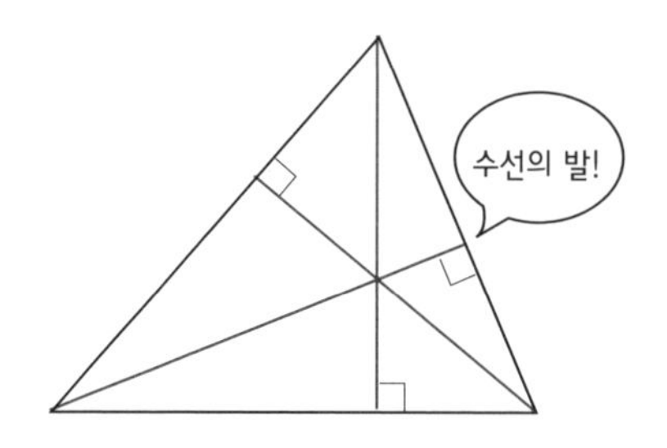

세 개의 수선이 한 점에서 만나는 것을 알 수 있나요? 바로 이 교점을 수심이라고 합니다. 원을 그려 그 중심을 찾은 것이 아니니 원의 중심일 리는 없고, '수선으로 만들어진 삼각형의 중심'의 줄임말로 생각하면 된답니다. 영어로는 '똑바른'이란 뜻을 가진 'ortho'와 'center'가 합해져 'orthocenter'라고 하지요. 뜻이 다 통하는 것 같지요? 또 한 가지 연결해 볼 사실은 이 수선들의 길이는 각 변에 대한 높이로 볼 수도 있다는 것입니다.

"선생님, 수심에 대한 재미난 성질들도 있을 것 같은데요? 들려주세요."

그래요. 수심에 대한 재미난 이야기들이 주렁주렁 있긴 한데 복잡한 내용이 많아 여러분에게는 인상적인 몇 가지만 소개하려고 합니다.

먼저 우리가 외심을 다룰 때 알아보았던 것부터 출발해 봅시다. 과연 수심은 삼각형의 종류에 따라서 어떤 곳에 위치하게 될까요? 세 종류로 나누어서 같이 한번 찾아볼까요?

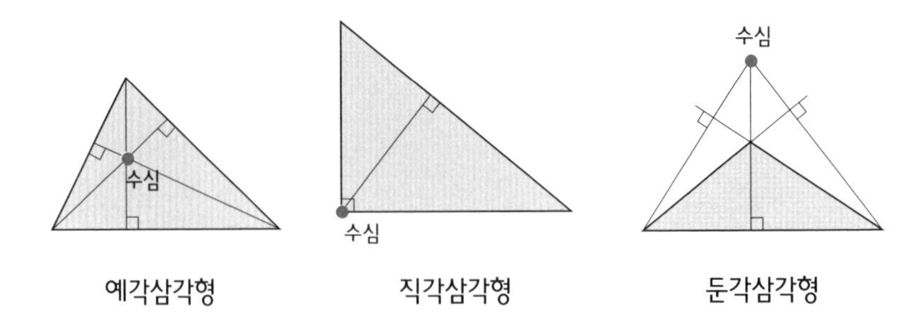

예각삼각형인 경우는 큰 무리 없이 수선을 내려서 그 교점이 삼각형의 내부에 있다는 것을 확인할 수 있지요?

자, 이제 직각삼각형을 볼까요? 이 경우는 삼각형의 한 내각 자체가 직각인 관계로 수심은 직각삼각형의 직각인 꼭짓점에 떡하니 자리 잡게 되네요.

둔각삼각형의 경우는 수선을 찾는 것도 살짝 애매한 느낌이 듭니다. 아무리 노력해도 꼭짓점에서 한 변에 수선을 내릴 수가 없으니까요. 이런 경우는 우리의 출동맨에게 부탁해서 변의 연장선을 이용합니다. 연장선과 수직이 되도록 수선을 내리는 것이지요. 자, 해 보니 어찌 되었나요? 삼각형의 외부에 수심이 있게 되지요? 에고, 그야말로 수심이 가득해지는 느낌이 듭니다. 조금 더 까다롭게 이 수심의 위치를 말해 본다면 "둔각삼각형의 수심은 둔각의 맞꼭지각의 내부에 있도다~"라고 할 수 있지요.

"오일러 선생님, 조금 어지러워지는데요? '~의 ~의 ~' 와 같은 말이 나오면 따지기가 힘들어지거든요."

그래요. 그럼 이번에는 그림으로 확실히 보여줄 수 있는 것을 소개할게요.

바로 '수족삼각형' 입니다. 오랜만에 한자 공부를 해 볼까요? 이 '족' 자가 무슨 한자일까요?

오일러 선생님의 한자 교실
발 ⇨ 족足

바로 '발' 이란 뜻이죠. 그럼, 결국 '수족' 이란 '수선의 발' 이란 말입니다. 풀어 보면 '수선의 발로 만든 삼각형' 이 됩니다. 여러분도 상상할 수 있겠지요?

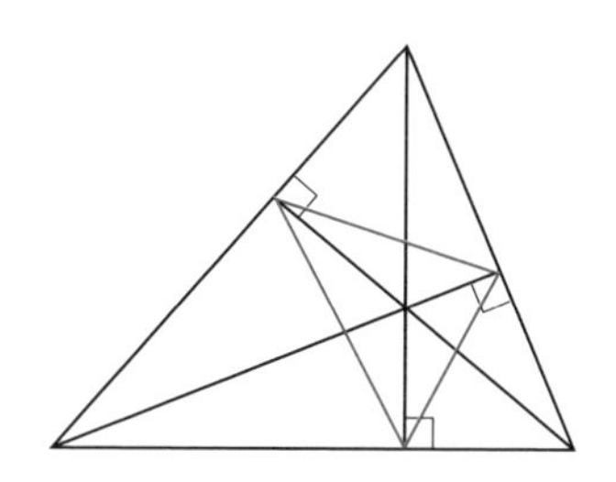

그래요. 수족삼각형이란 삼각형의 각 꼭짓점에서 대변에 내린 수선의 발을 꼭짓점으로 하는 삼각형입니다. 영어로는 자전거에 달린 발판을 의미하는 단어가 포함된 'pedal triangle'이라고 한답니다.

재미난 사실 한 가지! 예각삼각형 안에 내접하는 삼각형들이 굉장히 많은데 그중에서 둘레의 길이가 가장 짧은 것이 바로 이 수족삼각형이랍니다.

"오일러 선생님! 외심과 내심처럼 수심과 연관 있는 원은 없나요? 수접원 같은 거 말이에요."

삼각형에 접하는 원은 아니지만 수심과 끈끈한 인연을 가진 원이 있긴 하답니다. 바로 '구점원九點圓'이라는 것이지요. 몇 개의 점을 지나는 원인고 하니 말 그대로 무려 9개! 하지만 모두 세 종류니까 그리 어렵지 않게 찾을 수 있을 거예요.

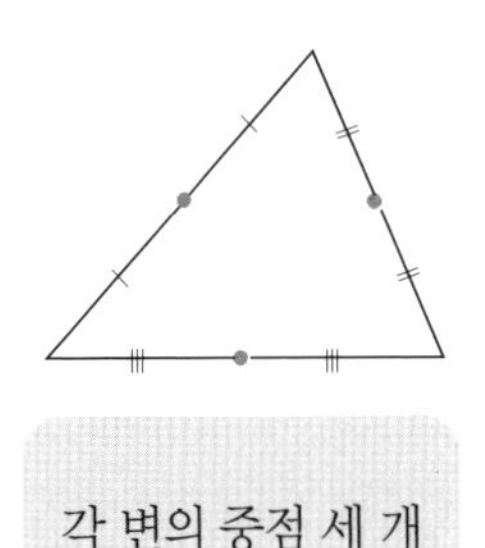

각 변의 중점 세 개

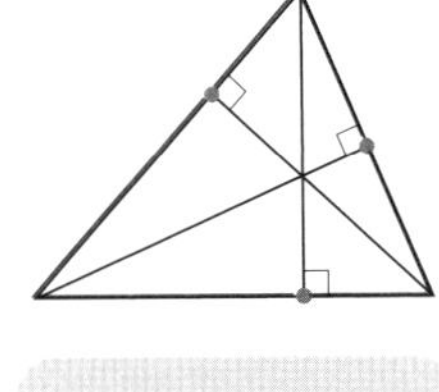

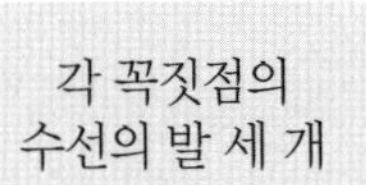

각 꼭짓점의
수선의 발 세 개

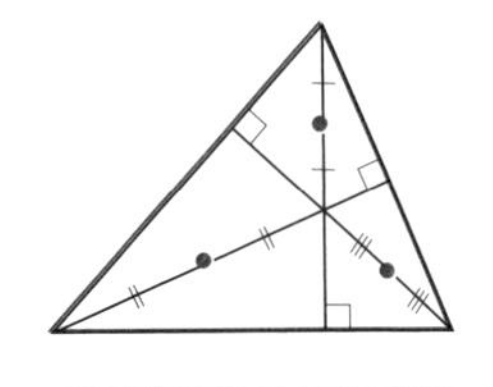

각 꼭짓점과
수심을 잇는
선분의 중점 세 개

이렇게 찾은 아홉 개의 점을 지나는 원이 바로 구점원이랍니다.

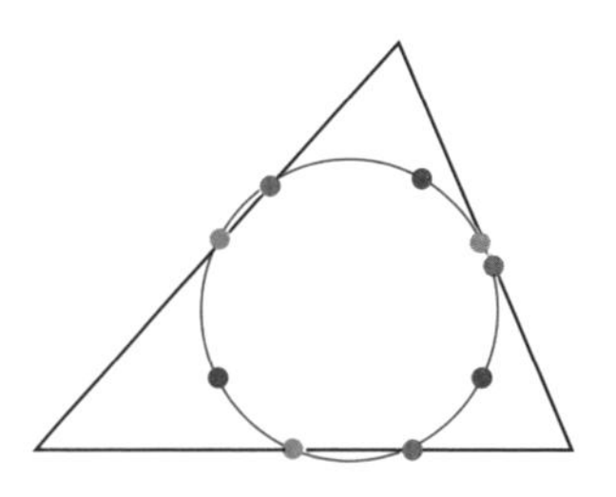

"우와~, 그려 놓고 보니 마치 무슨 행성의 궤적을 그려 놓은 것 같아요."

그렇군요. 천문학과 수학도 떼어 놓을 수 없는 끈끈한 인연이 있으니 언젠가 밝혀볼 기회가 있겠지요.

삼각형의 오심 이야기에서 원 이야기가 심심치 않게 등장했네요.

외접원, 내접원, 그리고 지금의 구점원까지. 이제 마지막으로 한 개의 원을 더 소개하려고 합니다. 그 원을 만나면 우리의 오심 세트가 모두 완성되게 되지요.

그런데 이 오심 형제 중 막내는 형들과 닮은 점도 있지만 많은 차이점을 가지고 있어요. 어떻게 보면 내심과 제일 닮은 점이 많지요.

내심은 세 변의 내부에 접하는 내접원의 중심이었지요? 그런데 이 막내는 한 변과 나머지 두 변의 연장선과 접하는 원의 중심입니다. 그림으로 보는 것이 더 편하겠지요?

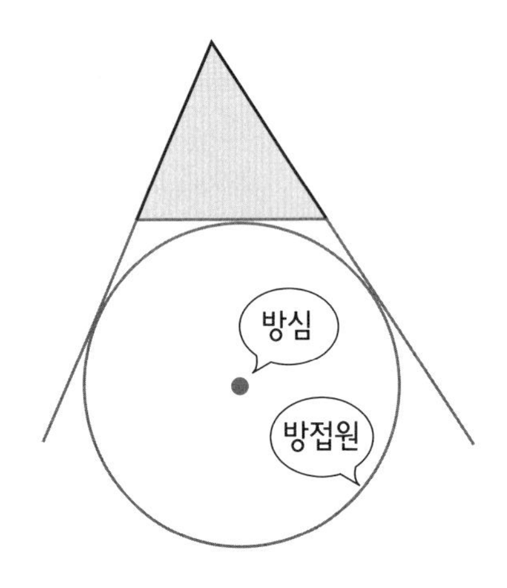

이 원은 삼각형의 안도 아니고 그렇다고 밖이라 하기에도 적당하지 않아요. 그보다는 삼각형의 곁에서 접하고 있다는 것이 더 맞는 표현일 것입니다. 그래서 이 원의 이름도 그러한 의미를 갖고 탄생했답니다.

자, 한자 교실로 다시 고고씽~.

오일러 선생님의 한자 교실
곁 ⇨ 방傍
붙어 있다 ⇨ 접接

이제 이 한자들을 잘 버무려서 말을 만들어 보기로 하죠.

곁에 딱 붙어 있는 원은? 방접원

그래서 이 원의 이름을 방접원이라고 한답니다. 그리고 우리가 찾은 삼각형의 오심 중 막내가 바로 이 원의 중심이니 방접원의 중심, 즉 방심이 되겠습니다.

그럼, 이 방접원의 중심을 찾는 방법도 알아봐야겠죠? 우리가 지금까지 갈고 닦아온 실력이 있으니 충분히 잘 해낼 거라 믿어요. 원이기 때문에 반지름의 길이가 같다는 성질을 이용하면 편하겠지요?

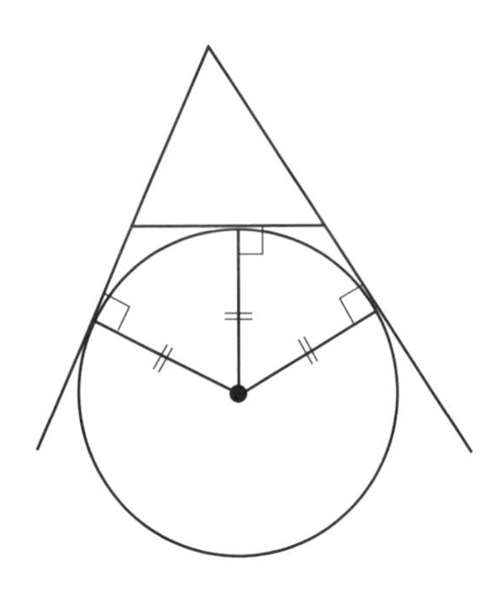

수많은 반지름 중 접점과 이어 만든 세 개의 반지름은 각 접선

에 대해 직각으로 만나는 관계를 갖습니다. 그렇다면 출동맨이 보조선을 잘 만들어 준다면 저 직각을 포함한 삼각형을 만들 수 있을 것 같군요.

다음과 같이 보조선을 그어 주면 세 경우 모두 같은 색으로 색칠된 직각삼각형 사이에는 RHS 합동조건에 의해 각 쌍의 삼각형들이 합동임을 알 수 있지요.

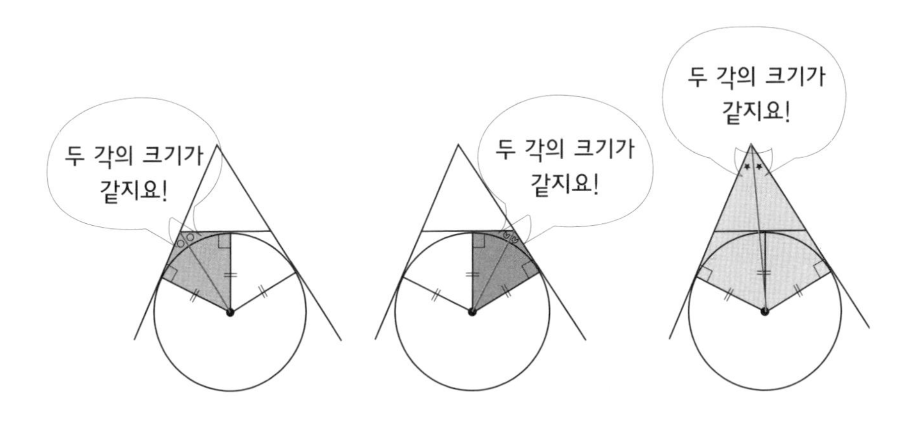

결국 각 쌍의 직각삼각형의 빗변만 고스란히 남겨 놓고 보면 이 방심을 찾기 위해서는 삼각형 한 내각의 이등분선, 그리고 이웃하지 않는 두 외각의 이등분선의 교점을 찾으면 된다는 결론을 얻을 수 있게 된답니다.

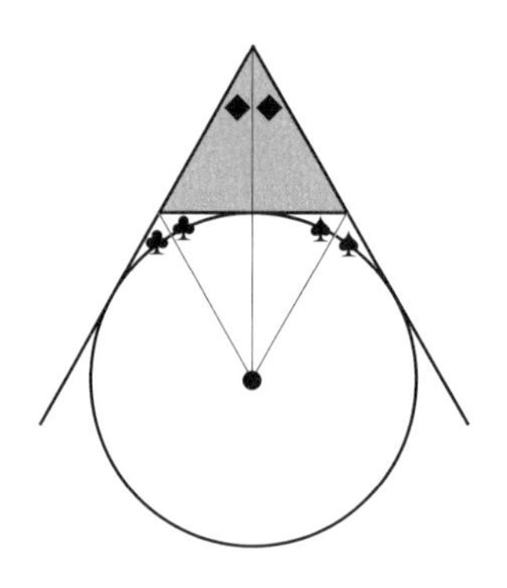

“선생님! 조금 전에 직각삼각형이 합동인 것을 증명하실 때 RHS 합동조건을 이용하셨잖아요? 제가 생각해 봤는데 SSS 합동조건으로도 증명이 될 것 같은데요? 왜냐하면 지난 시간에 원 외부의 한 점에서 원에 그은 두 접선의 길이가 같다고 하셨으니까요. 결국 두 삼각형은 세 변의 길이가 각각 같은 셈이니 합동이지요.”

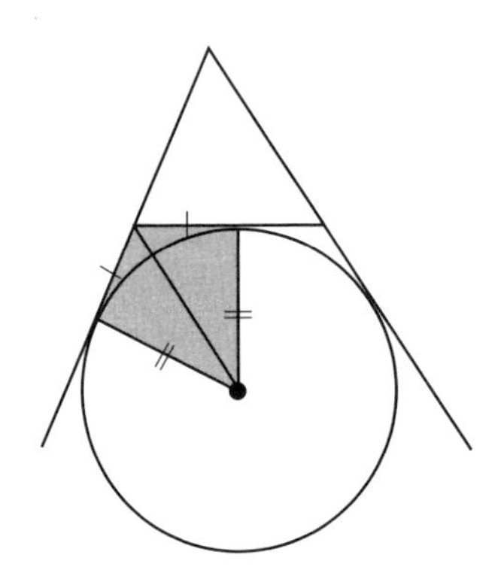

물론 그것 또한 멋진 증명이네요. 증명의 길은 여러 가지가 있을 수 있으니 항상 다른 방법이 없을까 고민해 보는 그 노력이 중요한 것이랍니다.

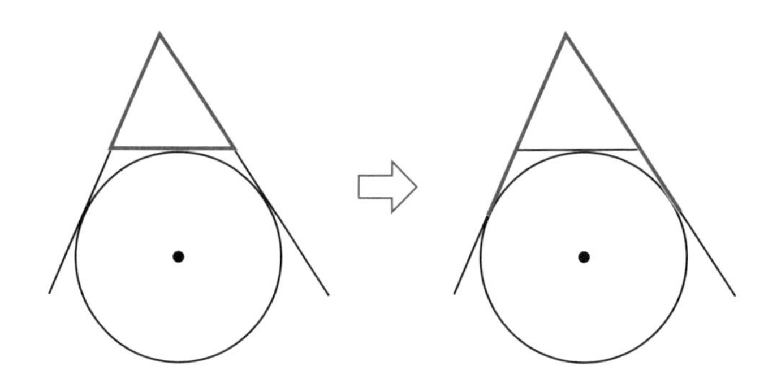

접선의 길이 이야기가 나왔으니 덧붙여서 이런 이야기도 가능할 거예요. 바로 삼각형 둘레의 길이가 이 두 접선 길이의 합과 같다는 말씀!

"야호, 그럼 드디어 우리가 삼각형의 오심을 모두 찾은 건가요? 외심, 내심, 무게중심, 수심, 방심, 이렇게 다섯 개의 마음을 가진 삼각형이로군요. 그래도 삼각 랜드에서 벌써 떠나기에는 조금 아쉬움을 남는데요?"

그래요. 다섯 개의 마음을 모두 찾긴 했지만 아직도 몇 가지 들려줄 이야기가 남았답니다. 이들 오심 사이에서 벌어지는 별난 이야기들 말이에요. 다음 시간에는 그 이야기와 더불어 바로 나 오일러와 나폴레옹, 그리고 삼각형에 얽힌 이야기에 대해서 알아볼까 해요. 그럼, 삼각 랜드의 마지막 동산으로 함께 출발해 볼까요?

일곱번째 수업 정리

1 **수심** 삼각형의 수심은 세 수선의 교점을 말합니다. 수심은 삼각형의 종류에 따라 위치가 달라집니다.

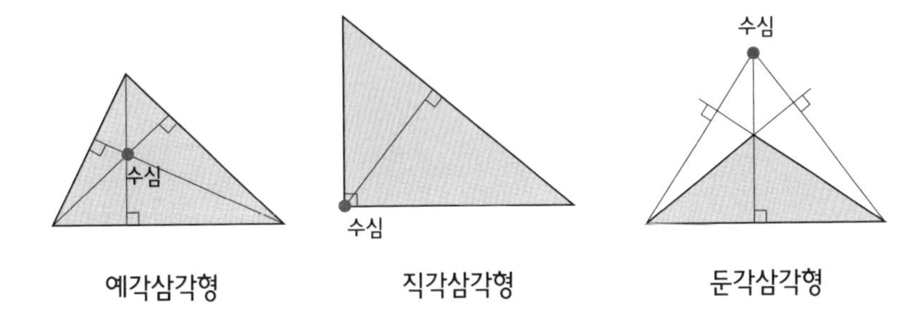

2 **수족삼각형** 수선의 발을 꼭짓점으로 하는 삼각형입니다.

3 **구점원** 각 변의 중점, 각 꼭짓점의 수선의 발, 각 꼭짓점과 수심을 잇는 선분의 중점을 이어 만든 원을 구점원이라고 합니다.

4 **방심** 방접원의 중심을 방심이라고 합니다. 삼각형 한 내각의 이등분선, 그리고 이웃하지 않는 두 외각 이등분선의 교점을 찾으면 됩니다.

오일러와 나폴레옹

삼각형의 종류와 오심에 대해 알아보고, 오일러 직선, 나폴레옹 삼각형이 가지는 의미를 생각해 봅니다.

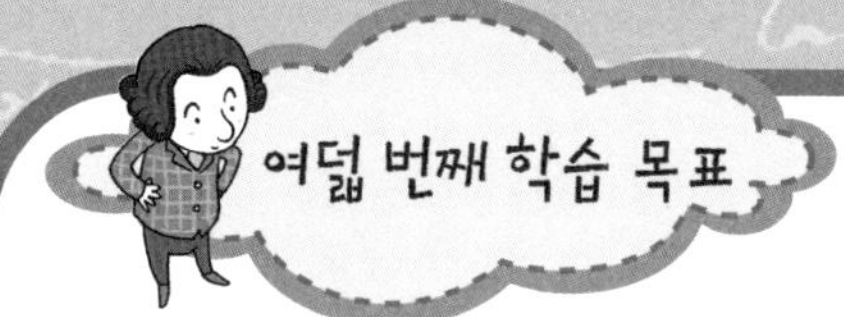

1. 오일러 직선의 의미를 알아봅니다.
2. 나폴레옹 삼각형의 의미를 알아봅니다.
3. 삼각형의 오심의 관계에 대해 알아봅니다.

미리 알면 좋아요

1. 움직이는 기하 프로그램 요즈음에는 도형을 직접 움직이고 변형시켜 보면서 도형의 성질을 탐구해 볼 수 있는 컴퓨터 소프트웨어가 많이 있습니다. 대표적으로 Cabri, GSP 등이 있습니다.

이번 시간은 왜 내가 여러분의 삼각 랜드 안내를 맡게 되었는지에 관한 이야기를 들려 줄 차례인 것 같아요. 나는 삼각형과 같은 도형 연구에 무척 관심이 많았답니다. 그러던 중에 삼각형에 대한 재미난 사실을 발견하게 되었지요. 바로 이 오심들 사이의 관계에 관한 이야기입니다. 내가 결론을 말해 버리기 전에 여러분이 먼저 한 삼각형에서의 오심, 즉 외심, 내심, 무게중심, 수심, 방심을 한 번 찾아보세요.

여러분, 재미난 것이 눈이 들어오나요? 물론 한 개의 삼각형만으로 단정 지어 말하기는 어려울 거예요. 나에게도 그것은 쉽지 않은 일이었지만 요즘 여러분에게는 좋은 도우미인 컴퓨터가 있으니 움직이는 기하 프로그램을 잘 활용한다면 성질을 찾기가 더 쉬울 겁니다.

나는 이 오심들의 성질 가운데 삼각형의 모양이 아무리 희한하게 변하더라도 변하지 않는 사실 한 가지를 알아냈습니다. 그것은 바로 외심, 무게중심, 수심이 늘 한 직선 위에 있다는 사실입니다.

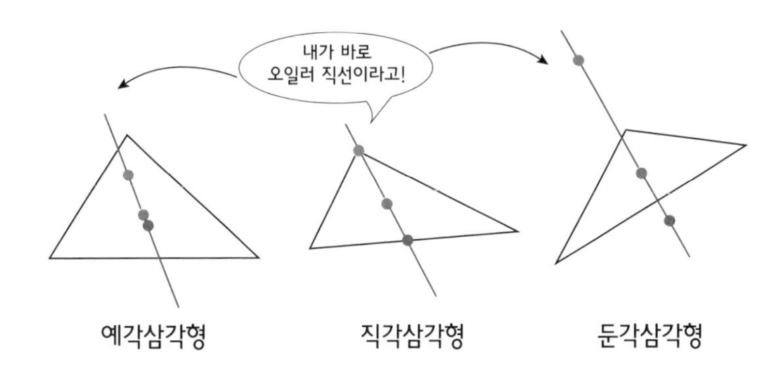

그래서 이 세 점을 지나는 직선을 오일러 직선이라고 한답니다. 나의 이름을 붙여 부른다니 나로선 정말 기쁜 일이 아닐 수 없습니다.

보너스로 하나 더 알려줄게요. 오심은 아니지만 지난 시간에 수심과 관련해서 알려 준 구점원의 중심도 바로 이 오일러 직선 위에 있답니다.

삼각형이 특별해지면 오일러 직선 위에는 이 세 점뿐만 아니라 또 다른 손님이 탑승하게 됩니다. 이등변삼각형을 한번 살펴볼까요?

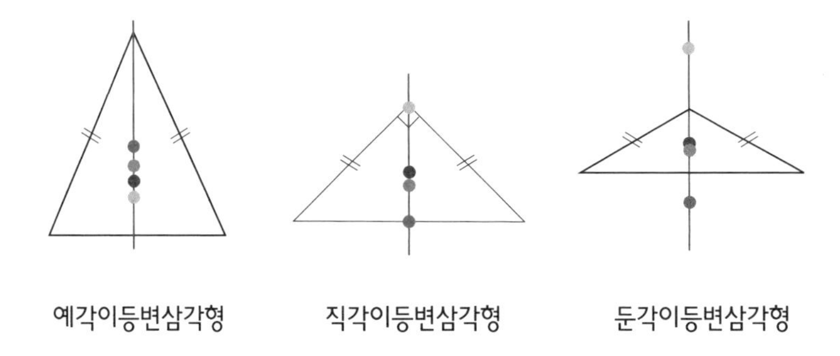

이등변삼각형도 꼭지각의 크기에 따라 앞의 세 가지 경우로 나누어집니다. 방심은 어차피 세 변의 밖으로 흩어져 있으니 제외하고, 나머지 점들을 찍어 보면 모두들 기특하게도 꼭지각의 이등분선 위에 있는 것을 확인할 수 있답니다. 물론 이 꼭지각의 이등분선이 오일러 직선임은 두말하면 잔소리가 되겠지요? 내심까지 이 오일러 직선 위에 가족으로 동참하게 되었습니다. 이제 세상에서 가장 특별한 삼각형이라고 할 수 있는 정삼각형으로 한번 가 볼까요? 정삼각형은 외심, 내심, 무게중심, 수심이 모두 한 자리에 모여 가장 명쾌한 결과를 보여 준답니다.

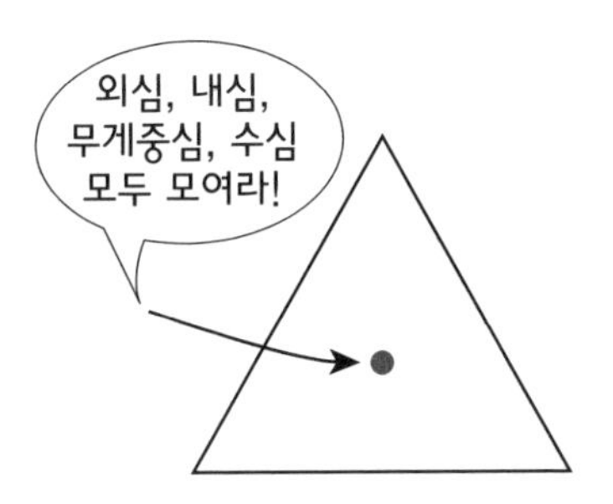

"오일러 선생님, 어쩐지 우리가 지금까지 배운 많은 내용이 우리 마음의 한 자리 속으로 쏘옥~ 하고 들어오는 느낌이네요."

그렇죠? 이 정삼각형에 얽힌 나폴레옹 이야기를 이쯤에서 하지 않을 수가 없군요.

나폴레옹Napoléon, 1769~1821

프랑스 혁명기의 군인이자 정치가였던 나폴레옹을 잘 알고 있을 겁니다. 그가 가장 좋아했던 과목이 수학이었다는 사실도 알고 있나요?

그는 육군 사관생도 시절에 장교가 되기 위해 포병학교 시험에 응시했는데 그 당시 이 시험에 합격하려면 무려 네 권이나 되는 《수학개론》이라는 책을 통달해야 했답니다. 그런데 워낙 수학을 좋아하고 잘했던 나폴레옹이다보니 최연소의 나이에도 불구하고 당당하게 합격할 수 있었지요.

전쟁터에서 그의 수학 실력 덕분에 승리를 거둔 적도 있었고, 아마추어 수학자라고 불릴 만한 일도 더러 있었습니다. 예를 들어, 다음과 같은 사실을 알아낸 것이죠.

중요 포인트

삼각형의 각 변에 정삼각형을 그리고 이 정삼각형들의 무게중심을 연결해 얻은 삼각형은 항상 정삼각형이 된다.

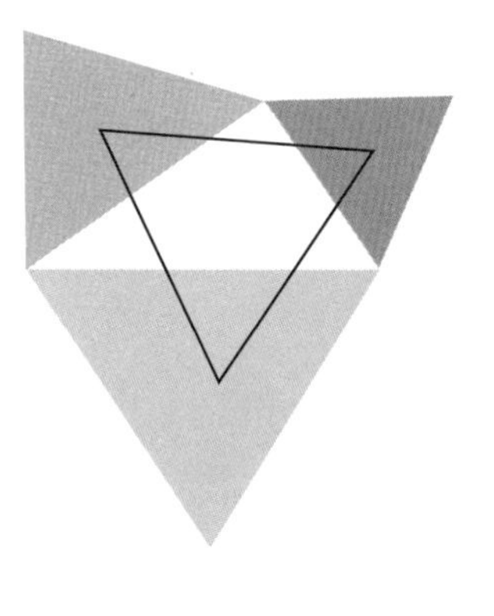

바로 이렇게 만들어진 삼각형을 나폴레옹 삼각형이라고 부른답니다.

"정말 멋져요. 삼각형에도 이름이 있다니. 저도 삼각형에 대한 비밀을 밝히기 위해 지금부터 열심히 노력하면 제 이름을 붙인 삼각형을 만들 수 있겠지요?"

그럼요. 가장 단순해 보이는 도형인 삼각형이지만 아직도 연구할 것이 많이 남아 있답니다. 그리고 지금까지 밝혀진 삼각형의 성질들을 이용해서 더 편리한 생활을 만들기 위해 연구하는 작업에도 한몫을 할 수 있을 거예요.

하루 종일 삼각형의 오심에 대한 이야기를 했는데도 삼각 랜드에서 더 둘러볼 곳이 남았네요. 여러분이 빼놓지 않고 구경해야 할 곳 중 하나가 이 삼각 랜드의 광장 바닥입니다.

금방 소개한 나폴레옹 삼각형을 응용해 만든 테셀레이션이거든요. 두루두루 둘러보면서 우리가 함께 공부한 삼각형의 오심에 대해 마음 깊이 담아 두는 여러분이 되길 바랍니다.

그럼, 이 오일러 선생님은 이제 그만 떠나렵니다. 여러분도 삼각형의 오심과 같이 여러 가지 빛과 성질을 가진 꿈들을 품고 정삼각형처럼 그 꿈들을 한 데로 모아 그 힘으로 원하는 것 한 가지를 꼭 이루어 내길 빌게요.

여덟번째
수업 정리

❶ **오일러 직선** 삼각형의 외심, 무게중심, 수심은 늘 한 직선 위에 있는데 이 직선을 오일러 직선이라고 합니다.

❷ 이등변삼각형은 외심, 무게중심, 수심 그리고 내심까지 모두 꼭지각의 이등분선 위에 있습니다.

❸ 정삼각형은 외심, 무게중심, 수심, 내심이 모두 같은 위치에 있습니다.

❹ **나폴레옹 삼각형** 삼각형의 각 변에 정삼각형을 그리고 이 정삼각형들의 무게중심을 연결해 얻은 정삼각형을 나폴레옹 삼각형이라고 합니다.